第一次創業就上手

微型創業全方位教戰守則

原來 著

序

這本書終究還是要寫的，我在日本看到這類的書籍一堆，台灣當然也有好書，心裡面也一直滴咕著，後來因為我和葉方良老師合著的《用LINE、FB賺大錢！——第一次經營品牌就上手》乙書獲得不錯的回響，就打定主意再寫一本關於微型創業的實用工具書，畢竟年輕人或是職涯第二春的中年人要創業，對他們的人生而言真是一件大事，有時候拿出來的資金是畢生的積蓄，如果是孤注一擲的話，壓力更大。

我曾經在廣播中聽到一位歌唱新人出第一張專輯的訪問，他是某老藝人的兒子，這位老藝人拿了畢生積蓄三百萬元給他，希望他能夠一唱成名，結果，市場上毫無反應。我看過很多人創業，都是堅持到最後一刻，都是聽到媒體訪問的成功人士的「鼓勵」，只要堅持到最後一刻，一定會成功，但是絕大多數的人都敗退了。

為什麼市場上都是充斥著成功人士勉勵的話，卻聽不到失敗的人的聲音，因為只要有醫療糾紛，活人才可以控訴，死人是不會講話的；這個社會與媒體給了太多機會和舞台讓創業成功的人講話，因為這樣才有收視率，卻沒有給失敗的人出來講話的機會，因為大家也不想聽，本人也不會出來。默默地失敗，暗夜裡哭泣自怨的人一定不少，但是我們都不知道是誰，但是我們可以確知，創業失敗的人比成功的人應該多1000倍以上吧。

我能夠幫忙什麼？就是盡量給予一些創業必要的知識。

可是行銷是一個很詭異的學問，大家看起來都懂，每個人都自有一套理論與見解，只因為行銷沒有像數學一樣有標準答案，而且經常給的答案還是會失敗，逆向而行反而成功，就是有太多「行銷素人」之非正科班畢業的人成功賺大錢，這個行銷的專業知識就越來越不受重視，因為每個人都自我感覺良好，加上看到某人因為做這個生意賺錢了，心裡面想，自己也可以啊，他是我同班同學，在校成績比我差一大截，他都能成功，我更行！

實際上行銷還是有一套固定的理論與做法的，否則那些碩博士所做的研究都沒用了，我們的人性與慾望還是存在的，如果我們摸透了這些消費心理，從而形成了一套行銷的理論與做法，這樣的成功機率應該比較大吧？

品牌商標的設計與形象的塑造，連結到商店陳列的擺設，是不是有一個成功的模式？而這些思維與作為都是經過各大品牌實際去執行所獲致的結論，如果大家都知道價格的標示盡量是999元比較有促購力，為何你不聽話，偏偏標示一個1008元，讓消費者覺得好貴啊。

要建構一個事業，多大多小都一樣，基本上的結構體都不會變，都會遇到財務報表，商標專利，人事與物流，目標消費者與需求，差異化特色，通路規劃，廣告促銷等等各層面的事務，你不可以說不懂，或是對某一項不感興趣。

我經常說一句話，當你在經營事業的時候，你經常忽略某一事務，或是你放心地將某一事務全權交付他人而從來不過問，你應該就會敗在那個地方。例如你不在乎商標登記，當你開店或自創品牌，遭受侵害別人商標權利的人不會馬上提請告訴，他會等你壯大賺錢後，再一次索賠，這樣賺得比較多啊！又例如你一直對財務不關心，很可能你的會計私下挪用公司資金，你真的不知道。又例如你對於產品包裝沒有概念，甚至對於自己設計感覺良好，可是你不是學設計，你設計的可能無法彰顯產品應有的質感，造成消費者一直視你的產品是次級品，可能連你都不清楚。

在行銷的路上，每一條路都可能成功，這就是行銷的魅力，也是活著當一個人的樂趣，永遠有驚奇感！但是，賺錢不容易啊，如果每個人要創業的時候，能夠在行銷的各個層面多懂一點，不需要很精通，但是懂了至少有判斷力，如果每一個層面都不會犯不應該犯的錯誤，就像打戰一樣，輸的一方就是犯錯最多的一方，行銷亦然，降低出錯的機率，就是提升成功的可能性。

這就是我想要寫這本書的本意，我希望想要創業的朋友，能夠方方面面都了解，在制定自己行銷企劃書的同時，一邊比對我提醒的事項，一邊自省解決之道，甚至是創造致勝奇招！我希望每個人都能夠心想事成，有決心創業，利用工具書減少錯誤決策，充分享受自己想要過的人生挑戰。

助你創業成功！

原來　謹識

於桃園南崁

2016/8/5

（我給自己的生日賀禮）

本書建議的閱讀方式

這本書八萬字，要一下子讀完，對於某些平常不擅讀書，只會操作機械的創業家而言，不啻是一項苦差事，這本書有十八個章節，長短不一，因為有些項目不需要解說詳盡，重點提示即可，所以你可以跳著看，挑選你目前最想要知道的，重點是要一邊看一邊做筆記，只要一張A4紙，回答本書提問的問題，將你的答案隨意地寫在A4紙上，讓那些文字自行串接聯合，對你的大腦形成一個新的刺激，期望創造出新的答案。

如果你不知道你自己應該先讀哪一章節，你可能剛開始有創業的想法，但是不知道如何著手，就依本書的章節順序讀下去吧，如果有特殊情況的朋友，我會提點，以下就是本書建議閱讀方式的指引：

1.準備一張A4白紙，鉛筆橡皮擦。

2.挑選你最想要知道的章節，一邊看，一邊回答本書問你的問題，或是臨時想到的創意，隨意地寫在A4白紙的任何一處。

3.隨身攜帶這張A4紙，可隨時修改與增減。

4.有以下情況的朋友的閱讀建議：

（1）剛開始有創業想法的朋友，建議依章節順序閱讀。

（2）已經有產品的朋友，建議先閱讀品牌、產品、目標消費者這三個章節，因為申請商標取得證書最少需要一年，宜先申請商標再做事業較為穩妥。

（3）馬上就要申請創業貸款的朋友，就直接翻至計畫書的撰寫重點，依該架構圖每個項目所提問的問題，逐一回答，寫在A4紙上，如果能夠全部填答完畢，就可以撰寫各式的創業計畫書。其間若有不懂之處，請翻至該章節詳細閱讀。

（4）已經經營一段時間，可是有經營瓶頸的朋友，你應該知道你的問題在哪裡，可以直接翻閱該章節詳細閱讀，有些章節的文字很少，但是都是重點，可能會解開你的謎團。

5.請將本書後段的品牌行銷架構圖的直式圖放大影印至A4尺寸，將你隨手書寫的答案分別填入各項目內，並檢查是否有疏漏。

6.祝你能夠創業成功，穩定成長！

目 次

寫在前面——生活周遭的微型創業真實故事

能夠在媒體或網路談論成功的微型創業故事，對我而言幾乎是萬中取一，少數幾人成功發言，但是有數千人無聲地最終收場，究其原因有時候只是缺乏完整的專業知識，因為長期忽略某個項目導致賠錢退場。在你身邊的朋友有多少人創業成功？媒體邀請成功人士現身說法，多鼓勵創業者堅持最後一分鐘，努力終究會有收穫；其實不然，因為他們是成功之後，才能夠講這樣的話；在實際生活周遭的創業者，因為相信要堅持到最後，卻不思問題到底出在哪裡的人，最終還是失敗收場，真的多到不行。（以下所舉的案例，皆匿名及模糊化）

有一位原住民銷售一項食品，品牌名稱以原住民的語言發音，我再怎麼樣也記不住，而且就字面來說，雖然都是漢字，但是沒有意義。我問這是什麼意思，他就說這是他們族語的「大拇指」（表示讚的意思），我說那你就取類似大拇指的品牌名稱啊，你是要賣給漢人消費者，不是只賣給你的族人而已。頂多就是在那個有大拇指相似的品牌名稱下方加註你們的族語，以標示其正統性來源。目標消費者的意識與取向很重要，尤其是品牌與包裝設計。在百貨公司臨時專櫃擺攤賣了幾年，最終也是結束營業。

有一家鐵板燒餐廳生意很好，老闆取店名沒有去申請商標登記，開業兩年後，有人想要加盟，店員提醒老闆要注意商標問題，朋友問我，我一查這個名稱早就有人登記註冊了，商標所有權人沒有去這家店提出告訴，其理由很簡單，不是沒被發現，就是在等他「長大」，因為營業額高，到時候要求賠償的金額才會高啊！這家店位於一個小鎮上，現在就懸在那裡，不敢擴展分店，為了省錢也不換招牌，每天就是這樣「平安」度過。

有一位小姐加盟一個連鎖飲料店，半年後覺得加盟這個品牌沒有賺錢，就終止契約，後來這位小姐看到庫存的飲料杯包膜還有十多捲，覺得很可惜，就拿來使用，該連鎖加盟企業就派員來買一瓶飲料，拍照，提出侵犯商標權及違約的告訴，依合約規範求償一百萬元。一個小小的飲料店利潤不高，為什麼當初簽約的時候，不會要求違約金要調低？這樣不合比例原則的契約也矇眼簽過，而且這位小姐對於履約與商標的概念也太輕忽了吧。最終法院依契約判賠一百萬元，飲料店也結束營業了。

某家鑄鐵工廠，其製造鍋具的品質據老闆的女兒描述已達優質水平，但是老闆個性乖戾暴躁，連合作的協力廠商的關係也搞不好，有高超的技術也沒有用。當然是結束營業。

某廠商因為研發一個寢具專利因而賺大錢，即開發機能性紡織系列產品，他想要自創品牌全省展店，品牌沿用他目前的商標，有一天老闆告訴我他開一個旗艦店請我去參觀，我一到現場馬上暈倒，在台灣中部一個小鄉村中心地帶的巷子內，請他在地方專門做裝潢的表弟設計，那種格調可以當作全省展店的標竿嗎？（還好我自己獨自去看，這是我的習慣），沒有適當的廣告宣傳，差異化特色也沒有，業務人員將這些紡織品就舖貨在台灣各地的市場攤位，行銷企劃沒有完整的規劃，而且期望的格局與實際執行落差很大。最後結束營業，還欠一些協力廠商貨款。

以上就是我隨意舉的市場實際案例，每一天都在發生，而且每一個人都相信自己會成功，也很少聽取別人的建議，有時候是自己不懂不會先問，事情發生了才來求救；有時候是自己自以為是，最終只能自食惡果。

一個企業的成功，只要有一項差異化特色，或是創新而迎合消費者需求的設計，成功機率真的很大。

一家服裝公司專攻三十歲以上的女性，研究目標消費者因為年齡增長身材變形，專心處理版型和色彩，讓三十歲以上的女性一穿這些服裝就顯得年輕有活力，這家服裝公司活得很好。

一雙簡單的襪子要弄到差異化也很難，但是有一家公司專攻各項專業運動人士實際的需求，例如桌球選手的腳部經常快速橫向停止，其襪子的側面就適度加強緩衝材料，馬拉松選手、網球選手各有個別的需求，運動專業襪，活得很好，業績穩定。

另外一家襪子工廠，光是供應國內連鎖加盟店以及其他通路，每年的業績量就很大，而且穩定，這在當今的台灣襪類市場實為難得，這家工廠獲得青睞的原因真的很簡單，就是不偷料，不使用次級替代品，而且品管嚴格，出貨必屬優質產品。

帽子加上圍巾，成了帽圍，這樣的巧妙設計也可以養活一家小公司。

一個巧思，只是把手套的網眼加大，改粗丹尼的尼龍紗，開發沐浴用手套，可以一邊洗澡一邊搓身體的角質皮膚，不僅賺很大，現在賺更大，因為外銷。

一家生產拖把的小工廠，因為老闆每天都在研究改良，兒子會製圖開模，經常有新款式提供客戶，二十多年來獲得歐洲經銷商的信賴，也活得很好。

很多人想要創業，大多熱衷於自己的專業技術，對於創業其他的項目，諸如品牌、包裝、物流、廣告、甚至法律等，不是忽略，就是刻意的躲避。可是你現在不是一個公司某一個部門主管，只要專注於自己的專業即可；你現在是要創業，是經營者，各個層面都要了解，也都要考慮到，這樣成功機率才會提高。

成功人士的分享只是激勵及提升你的信心而已，創業所需要的知識最好全部都看過一遍，不能有一項的忽略；因為，你長期忽略的地方，你以後就會敗在這裡。

特別在開始閱讀本書之前，先囉嗦一下。

微型企業Microenterprise

微型企業是指規模比小型企業更小的事業體，不同國家地區的微型企業，定義特色與發展方向也不盡相同。我國法規中並無對「微型企業」正式定義，但可對照參考《中小企業發展條例》第四條第二項所稱「小規模企業」，而根據經濟部在《中小企業認定標準》中對「小規模企業」所作之定義，指的是中小企業中，經常僱用員工數未滿五人之事業。而美國國際開發署將「微型企業」定義為由當地人擁有、為僱員（包括不領薪水的家庭成員）不超過10人、其業主和經營者為貧困人口的小企業。

由於微型企業的定義暗含著收入和資產的限制與規模，通常它們會被認為是窮人的企業。但是正面地說，任何一個創新的產業也大多由幾位年輕人開始於車庫，或是地下室，利用有限的資金去完成他們想要做的事情。

正值網際網路全球流動的時代，任何一個地方有新鮮的創意，光是在Facebook或Youtube就可以被傳遞到無限大的範圍，一個令人激賞的表演一下子就是幾十萬人次的閱覽，這個年代是微型創業的年代，我們應該也可以這麼說，也是窮人翻身的大好時機。

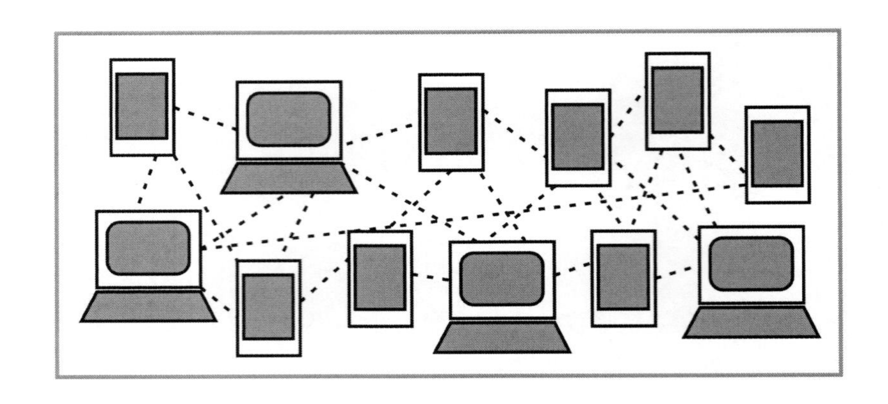

每個人都想創業，都想要自己擁有一個事業，這是一個對於創業充滿飢渴的時代。

◎有41.8%的30世代想自行創業，而40%的受訪者認為只要有100萬元，則可創自己的事業。——《30雜誌》創刊號

◎想自己創業的60.06%上班族中，已有18.71%正著手準備創業，41.35%雖然有想法，但還沒開始規劃。——2004上班族創業期望調查

◎7成2上班族想創業，其中小額投資的比例最高，有3成7希望再30萬元以下創業。——2005上班族創業期望調查

◎62.7%的受訪者認同「轉職富不過創業」，想要多賺點錢還是創業來得有效。——2006上班族創業期望調查

根據行政院勞工委員會提供的資料顯示，如果要創業，一些行業所需要的資金如下：

小吃	豆花、飯糰、鍋貼、蚵仔煎、水煎包、紅豆餅……	約15-100萬元
早餐	漢堡、三明治、飲料	約30-50萬元
茶飲料	各式茶品	約30-120萬元
異國餐飲	漢堡、三明治、飲料	約30-100萬元
二手店	二手商品	約50-60萬元
創意造型	造形設計複製紀念、彩繪	約50-100萬元
美容美髮	美容美妝、美髮、SPA保養護膚、指甲彩繪	約50-150萬元
烘焙	手工餅乾、蛋糕、西點	約100-200萬元
健康題材	戶外生活、有機養生產品	約100-300萬元
咖啡複合	蛋糕、咖啡、麵包	約200-300萬元
加盟以上行業	以上各類	約15-300萬元

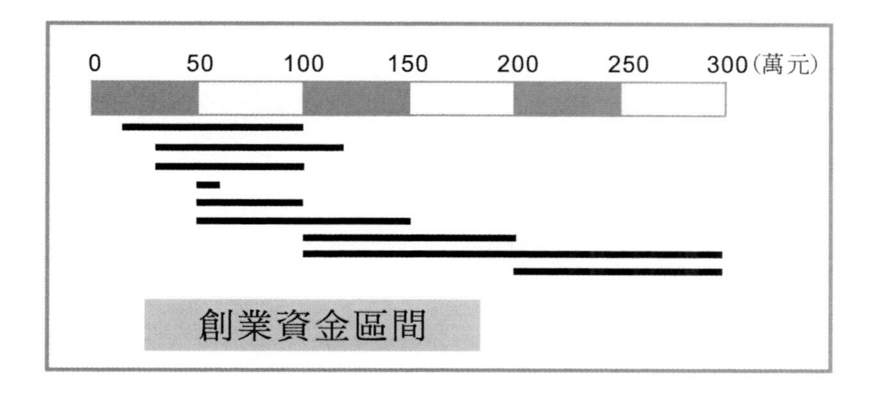

看樣子，實際上創業的資金和期望值有落差，很少的資金當然可以創業，但是必要的設備一定要有，更重要的是：你的創業態度和你應該如何規劃這個事業。

本書絕大多數的篇幅都是在談如何妥善規劃自己的事業，這一部分容後細談，但是你自己的創業態度才是做這件事情最重要的關鍵因素，一個創業者，即便是微型創業也是一樣，要有一些應有的觀念與態度，不要一昧地去追求流行的產業，別人之所以從事該產業，應該有其個人獨特的生長背景與關係，才能有這樣的優勢，並不是每一個人都可以從事任何產業的。

再者，立場與角色要有重新歸零的感覺，尤其是一直以來都是在公司裡面當主管，突然轉換角色當「校長兼打鐘」，或是習慣於聽命行事，現在卻必須指揮號令，微型創業不僅必須親力親為，而且還要善用協力廠商的資源，整個工作的態度與做法都要重新開始，可能要和過去積習的習慣絕緣，這一點，你做得到嗎？

以前有些女孩子想要開服飾店，就會先到台北五分埔服飾店工作，就是打工也行，因為要先到那樣的環境去了解如何切貨，過期品如何銷貨，以及其間的行話等等，這樣自己去開店才懂得如何經營。有人想要加盟便利商店，通常都會被提醒，自己是否先去當兼職半年再說，試試看自己是否可適應這個全天候服務的零售業。

所以，你想要做哪一個微型事業，是否先考慮去「實習」一下更為妥當。

當然，一般創業者應該具備的特質，諸如恆心毅力，不怕挫折；全心投入，積極負責；要有永續經營的決心，不要想要短線操作，更重要的是：要有家人的支持，以免後顧之憂。

這雖然只是一個微型事業，但是也是你人生的重要大事，最後要提醒你的是，你自己的人脈關係夠好嗎？如果你想要創業，有沒有人願意借給你新台幣五十萬元？一方面是你的為人如何？一方面是你的計畫具不具有吸引力？你可以測試看看，事先預估你想要做的事業成功機率有多大。

這是一個小事業、小成本，或許可以說彈性大、成效快、週期短，有機會暢銷後可以複製拓展的事業，也是極容易被大企業複製甚至收購的事業，只要你做得夠有特色，就是一個小企業也有可能扳倒大象，市場的案例很多，大家大多清楚。

有時候，一個簡單的產品也可以養活很多人，迴紋針的發明就是，珍珠奶茶的複合式飲料逐漸風靡全世界，就是一個簡單的鞋帶，也可以養活一家中型工廠，這位老闆只有國中畢業，但是他發明了在鞋帶的內部設計一段實心、一段空心，連續實心與空心，外觀和一般鞋帶一樣，但是當你在綁緊鞋帶時，就會自然地束緊在空心的那一段，這就是防止鬆脫的鞋帶，這個鞋帶專利獲得國際戶外大廠的青睞，本來要買斷，但是該鞋帶已經提供幾家運動品牌而無法轉讓，可是卻也養活了一家中型製帶工廠！

無論你是服飾設計師、中餐廚師、網頁設計師、動漫設計師、調酒師，當你要自己開店，自己擁有一個事業的時候，你不能只懂自己的專業知識與技能，你必須什麼事情都要懂，經營、財務、物流、人事等，這時候你已經不能像以前一樣專注於專業技術而已，而是要訓練自己成為全能的創業家。

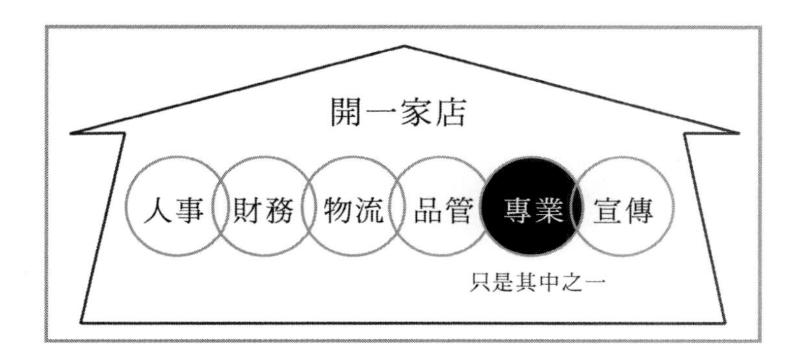

我在和葉方良老師合著的書《用LINE、FB賺大錢！——第一次經營品牌就上手》裡面首度發表這一份「品牌行銷企劃案思考與架構圖」，提供品牌策略操盤者一個全方位的操作空間（下圖）[1]每一個項目各自都有重要的議題，只要一一回答各問題，整理所有的答案，你的品牌產品與服務的行銷架構應該不會有太大的錯誤發生。

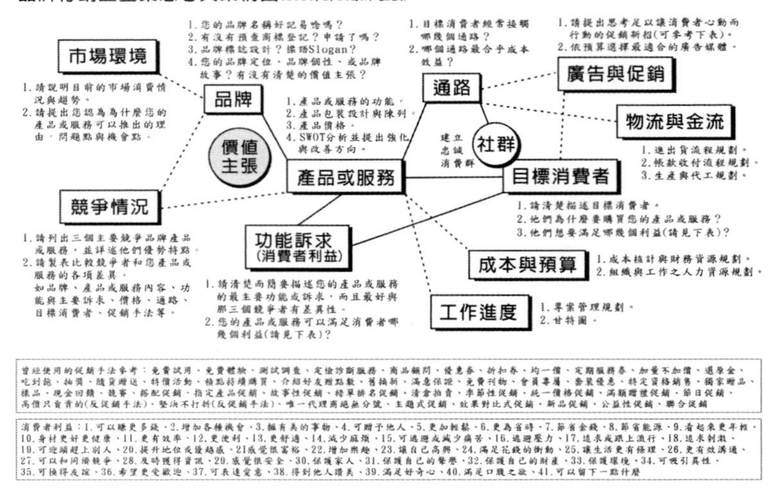

---

[1] 由於這張圖放在本頁，細節文字顯得過小不易閱讀，將放在本書附錄全部條列出來，以供參考。

本書專注於微型創業，其員工規模在十人以下，雖然整體的品牌行銷思維架構沒有多大的改變，但是對於比小型企業更小的微型企業而言，有很多關鍵性的實務與經驗可以分享，因此，本書要探討的議題就集中在下圖十一個項目，每一個議題盡量能夠多交代一些，也希望能夠多舉實例，更重要的，希望用字能夠更為淺白，讓你在無痛苦的閱讀狀態下能夠充分地認知與應用。

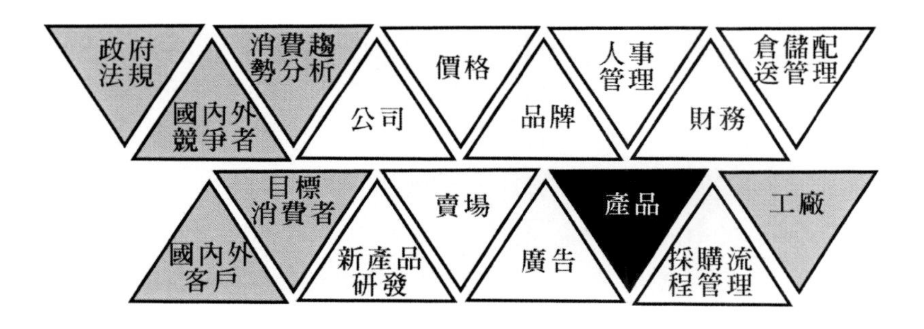

上圖的「產品」是整個微型創業的核心，所以使用黑色反白字表示，而有關於自身公司能夠決定的事項則以白色底表示，如「公司」、「價格」、「品牌」、「人事管理」、「倉儲配送管理」、「新產品研發」、「賣場」（側重規劃部分，畢竟賣場不是我們想進去就可以上架）、「廣告」及「採購流程管理」等，這些事項操之在己，可以根據自身的資源做優先順序的調整，以及妥加規劃。

而淡灰色的部分是要配合別人，自己無法掌控，而且要順應情勢而為，例如「工廠」、「政府法規」、「國內外競爭者」、「消費趨勢分析」、「國內外客戶」、「目標消費者」等，要認清現況以做最有效的策略調適。

有鑒於微型企業的員工人數極少，相較於中大型企業，微型企業必然是面臨人力資源不足、資金不足、原料供應與協力廠商關係網絡建立不足、甚至專業知識與關鍵能力不足的困境，而市面上有關這方面的創業基礎參考書能夠面面俱到，加上自我審視的書比較缺乏，要玩行銷這個遊戲，必須每一個環節都要懂，否則，你未來就會敗在那個關鍵的「盲點」上，所以，很囉唆地將每一段知識寫出來提供微型創業者，就是我寫這本書的初衷。

請一邊看每一個單元的說明與提示，一邊拿一張紙寫上自己的問題與解決方式，這樣才對你有幫助，在紙上將每一個問題劃上關連線條，形成一個架構圖，你就可以更清楚你的事業版圖，以及問題大多出在哪裡，這個架構圖的理念與做法類似Tony Buzan提倡的Mind Map，台灣地區翻譯為心智地圖，請去翻閱相關書籍，以掌握將腦中的思考內容透過核心觀念擴散且有組織性的連結的方式，有效掌握自己的思維，並全盤了解事物的全貌。

★★★

成功創業小提醒

①網際網路時代，微型創業人人都有機會！

②你適合創業嗎？你要檢視你的人格特質，甚至你的人脈關係。

③你想要創業的行業，有至少去實習或工作半年以上嗎？

④既然要創業，各個層面都要懂，不是只有技術而已，經營管理法律物流都要懂。

產品——你要賣什麼？

你要賣什麼產品？應該只有你自己最清楚吧！

曾經有朋友叫我搭高鐵到他住處，他說他要退休了，要問我能夠做什麼生意，我回覆這個問題應該是他自己要先想，不是找我問，因為每個人的人脈背景不同，如果要開店，自己也要去考察該店的位置與市場競爭情況。如果自己本身的人脈大多在海產或農產品經銷市場上，那你開的餐廳一定是最新鮮的；如果你從事旅遊導遊遊覽車等行業，你退休後往這方面做一個旅遊顧問絕對是最稱職的。

所以，你要先問自己，你想要賣什麼產品或服務？

你要做產品零售，還是關鍵零組件的批發，還是製造，還是專業技術的服務，還是要去加盟現有的連鎖商店？這個考量要顧及到你自己的興趣、學校所學或職場的專業背景、家族的產業人脈等，一開始就要站在比「從零開始」還要高一級的位置，一開始起步就比別人白紙一片還要快跑，這樣的成功機率比較高。

緊接的，你馬上要做的事情就是體察這個市場，找出三個老大，就是該產品或服務的三個最大廠商，製作比較圖表，將你和他們的各個項目攤開來比較。

	你想要做的產品或服務	該地區市場排名第一的品牌產品或服務	該地區市場排名第二的品牌產品或服務	該地區市場排名第三的品牌產品或服務
產品特色與優點				
產品價格				
廣告訴求				
促銷方式				
目標消費者				
消費者喜歡該產品的理由				
依該行業特性列出你能想到的因素				

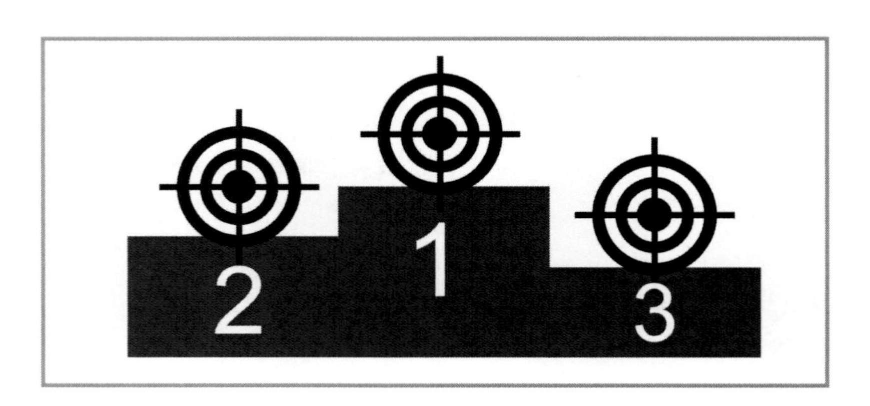

一般的思考盲點就是列出過大的競爭對手，如果你只是想要賣早餐，就不要列出一堆世界連鎖大品牌，你應該先列出在你店面方圓一公里內的小型早餐店，分析他們可以存活的特色與優勢，想辦法比他們更好，這樣的思考才切合實際。

和你「門當戶對」的競爭對手比較，不要儘舉出一堆國際品牌，在我看來，這樣的行為根本不是想要創業，只是在幻想而已。

如果以上的圖表你都做不出來，就代表你根本沒有進入狀況，在職場這個戰場上你已經輸了，因為你的競爭對手在你一開張的時候，就已經分析你的情況，並且做好打擊你的因應對策了。當你想要推出八折促銷產品之前的時候，這些競爭品牌「剛好」就在前幾天推出七五折外加LINE貼圖的促銷活動，以吸引消費者全部去消費，大家都忘了你的存在，從此以後，你就參加了沒有聲音失敗者哀怨團體。

《孫子・謀攻篇》：「知己知彼，百戰不殆；不知彼而知己，一勝一負；不知彼，不知己，每戰必殆。」列出競爭品牌優劣勢比較表，是必要的工作，這個比較表比SWOT分析更為重要，因為SWOT分析只有列出自己的優劣勢與機會威脅，一般人寫SWOT之後就放著不管了。

但是上述的自身與競爭品牌比較表是實際的兩造對打的戰力分析，從中你應該知道自己的應該在有限的資源中，如何排出優先順序，以逐波推出吸引目標消費者上門的策略。

一、產品特色

請你在三十秒之內，說出你的產品的特色或用途，因為你的客戶、投資者、消費者聽話的耐受力有限，每個人一開始看到戲劇，就馬上問那個人是好人或壞人，每個人只想要聽答案，不想要深究其中之理，所以你必須把握前面對話的三十秒時間，說出你可以吸引人的產品特色。

通常一秒鐘講三個字，三十秒的簡報只能講九十個字，而你必須要在談話的前三十秒引發客戶或老闆的興趣，讓他們覺得這是一個好機會。

例如我開發的「乾式洗澡」清潔液，介紹如下：專為臥病在床的長者，在床上塗抹全身，濕毛巾再擦一遍，五分鐘搞定。（28個字，將近十秒講完）

例如我開發的舒服襪，介紹如下：專為手腳冰冷和長者設計，無痕膚貼腳踝舒服，遠紅外線止滑墊促進腳底新陳代謝，老人也不容易跌倒，腳底保健全身健康。（50個字，將近17秒講完）（leoyuan.me，趁機廣告一下，哈！）

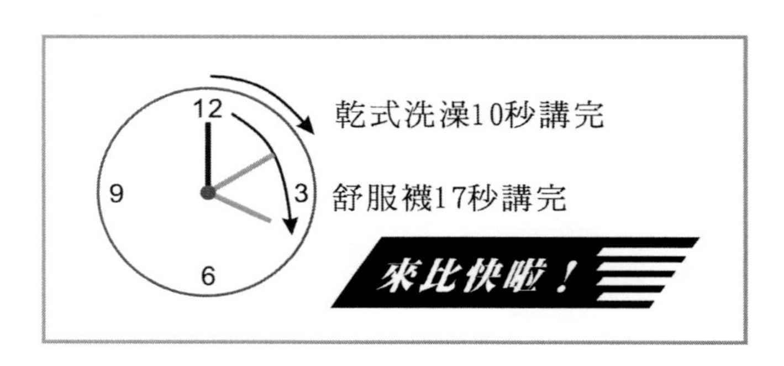

這個簡單的特色，如果講得清楚，未來也是你廣告的重要訴求，標語和文案就可以寫得很清楚，如果該產品特色剛好切合消費者的需求，你創業的成功機率就大增。

我曾經參觀過勞委會舉辦的微型創業鳳凰的創業小舖go go購展覽，拿了他們的產品型錄，每一家都卯足全勁介紹自己優良的產品與設計，茲節錄幾個創業實例，請你參考，以下的文案有哪些特色，剛好切合你的需要？哪些文句寫得很生動？或是需要再加強什麼？或是缺了什麼？如果是你要創業，你要怎麼改進？或是如何採用他們的表現方式？這樣的練習是必須的，你的腦子要隨時思考與運作，不要一直看書吸收而已。為了幫助這些微型創業者，我將地址附在後面，請各位讀者可順道去光顧，大家互相支持。

1.均容早餐店：一天的第一餐，來這裡照顧你的第一道營養。提供快速美味的早餐，讓趕著上班/學的人也有營養的一天。（高雄縣鳳山市瑞隆東路172號）
2.七年級生茶飲企業社：隔夜不出，隔日不賣，最青的茶，就出在這攤。絕不販售隔夜茶，讓顧客最青的冷熱飲。（高雄縣岡山鎮海洋二路68號）
3.祝你幸福日式紅豆餅：大粒紅豆加冰糖，甜在嘴裡，幸福到心底。當天現做，用冰糖餡料提供養生紅豆餅。（台中縣后里鄉甲后路903號）
4.竹科小吃店：沒有高科技的做法，只有一顆用情做美味的心。鹹的、甜的、熱的、冷的要什麼有什麼，不怕你來挑，就怕你不來，就在竹科旁的竹科小吃店。（新竹市科

學園路38號）

5.台機佃有限公司：具生產履歷的便當界的小龍頭・美味上市。要健康？要美味？健康又美味的就在台機佃啦～～（新北市永和區中正路512號1樓）

6.珍響益有限公司：找回食材健康，有機無獨的美食在餐桌安心展開。珍響益有機蔬果綠盒子：蔬菜+水果1～2 人份/周，內含6份葉菜、1斤根莖、1斤瓜果、一斤珍菜/芽菜/鮮菇、1份香料、2斤水果。吉品養生無毒蝦：宜蘭在地海水養殖、全程無抗生素、不投藥、急速冷凍、無甲醛的好蝦。阿里山有機山豬茶：將紅茶發酵法使用在烏龍茶葉上，保留烏龍的香氣、全發酵讓茶不苦澀、不傷胃。（台北市中山區敬業一路46號）

7.大古茶品專賣店：喝茶不古，茶飲新法，來這裡喝杯茶，養生健身。以茶類為主，結合養生概念，創造茶飲新生命。（台北市信義區松山路219號）

8.蔡技食品行：一打開罐蓋・整個海洋的鮮甜就撲鼻而來。對水產專業的背景，引發出來自海洋的鮮味，想要感受深海的鮮甜就在這～（基隆市七堵區福一街129號）

你有感覺了嗎？

有很多的行業可以做，當然，每個行業都有很多人在做，問題是，你做的比別人好在哪裡？

多去市場看看，多去看各行業的展覽，多去看專櫃小姐聊天，每一個參觀與聊天的過程是有目的的，去思考「該產品吸引我的特色是什麼？」，慢慢地培養自己抓準產品訴求的能力。

最好的訓練場所就是賣場，一整排的牙膏，你會發現要創造產品特色不僅僅只有訴求，品牌和包裝，以及現場的促銷訊息等，都是創造產品特色的重要因素。

每次去逛街，除了享受購物的樂趣之外，訓練自己行銷思維掌控能力也是很重要的。

現在，請你寫下你想要開發的產品，在九十個字之內的特色描述：

一改再改，越少字越好，當你寫得越清楚，其實，你整個創業的輪廓就幾乎完成了，因為你已經知道你的目標消費者，也知道這些消費者要去哪裡買你的產品，整個通路結構都在你一完成以上的描述就大致定案了。

二、產品的山頭與惡霸

溫馨提醒，有一點囉嗦，但是卻是重要的。

任何一個行業都有山頭老大，就是消費者認定的第一、第二品牌，或是消費者在這一地區裡面要買該產品或服務，「下意識地」總是會想到他們，為什麼消費者喜歡購買他們的產品，這是你要去研究的課題。

我要提醒的是，當你一進入這個行業，或是在這個地區做生意，這些山頭馬上轉身為惡霸，因為你很顯然地開始要瓜分他們的市場，這意味著他們的業績會微幅地下滑，甚至滅亡。

將心比心，換成是你也是一樣，你也會去思考如何打擊這個新進來的不速之客。

所以，你應該要更小心謹慎，全部審視自己所建立的各個項目是否合法？

你的商標有去登記嗎？你確定已經取得該產品類別的商標證書了嗎？

你對外宣稱的產品描述有很清楚的數字嗎？例如××效果達97%等，最好刪除這類的數字，因為不一樣的檢測方法或不同單位的檢測機器的校準問題，經常會有數字的誤差，但是惡霸拿了你的產品去某機構做檢測，數字一有不同，就會馬上公開你的「缺點」。

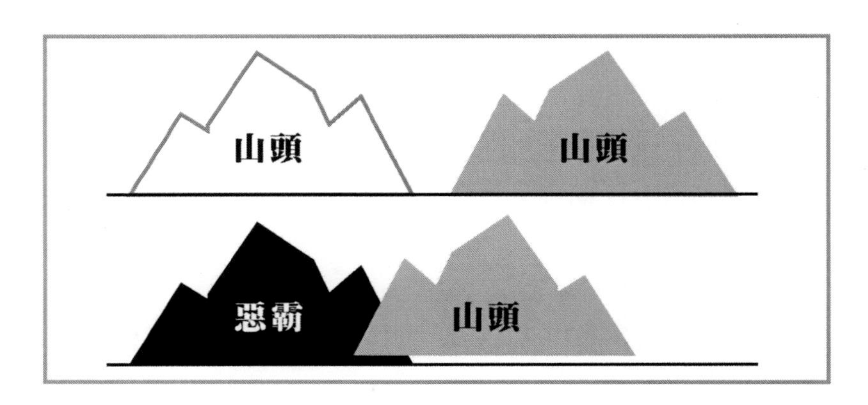

你的產品標示有合乎政府規範嗎？

你的店面環境與設備有合乎政府規範嗎？

你的原料儲存與使用期限有合乎政府規範嗎？

你的廣告訴求有誇大不實，或是影射醫療效果嗎？

一個小地方，只要刻意的誇大，它很可能就是致命的一擊。

你自己團隊的資訊控管也很重要，就是行銷資訊也是營業祕密，只要它有經濟利益，一個重要的促銷案，推出的產品和時間要慎守祕密，因為只要讓惡霸知道你的行銷規劃，他們就可以準備促銷強度和你一樣的產品，價格也訂得很漂亮，而且刻意在你推出之前公佈宣傳，讓你的促銷在市場上沒有機會發聲。

每一個產品都會有大約十家協力廠商，因為每件產品都要原料、包裝、印刷、提袋、標籤、紙盒等，每家廠商不是只做你的生意，應該也同時做那些惡霸的生意，而且這些廠商給惡霸還更優惠呢，因為惡霸長期經營在這個市場，業務量穩定。這些廠商會不會將你的營運資訊告訴惡霸？答案很清楚吧？你應該如何預防，甚至放假消息，你自己應該會處理吧！

行銷本身就是一場戰爭，有正面對戰，有心理戰，可用煙幕彈，也可以虛張聲勢，最終就是求生存而已。

★★★
成功創業小提醒

①你的產品特色與優點，要在三十秒之內說清楚，而且打動人心。

②列出你的主要競爭對手的優缺點，找出和他們不一樣的差異化特色。

③要沙盤推演，萬一你一開店或開業，你的競爭對手會出哪些招？

目標消費者——誰才是你真正的買家？

誰才是你真正想要賣的對象，他們認為你這個產品的確是個好點子，剛好切合他們的需要嗎？要實際地和他們接觸與討論，千萬不要一廂情願，永遠認為自己想出來的產品一定是最好的，行銷不能太自戀。

請你清楚地描述你的目標消費者，你要賣給誰？請詳細的描述出來，講得就好像是一個活生生的人似的，甚至你也可以舉例，就是你的鄰居或親戚某某人一樣。因為一個清楚的目標消費者，就可以延伸出清楚的個性、習慣、家庭成員、經常出入的場所、生活上實際的需求，這對於制定有效的行銷企劃非常重要。

給小孩子、給單親媽媽、給剛退休的人，他們的需求都不一樣。

我們不可能將一件產品賣給所有的消費者，除非是大宗生活物資，例如：水、米等。

就是賣衣服，您也要思考消費者買衣服的需求是什麼？

1.溫暖：誰需要溫暖，哪些人在哪些地點特別需要溫暖的衣服？

2.防風擋雨：哪些場合消費者特別需要？做什麼行業也需要防風擋雨？

3.重量輕：什麼人對於衣服的重量輕很在乎，旅行的行李超重很在乎嗎？

4.時尚流行：誰對於時尚流行設計很投入？哪位明星穿的服飾會去追？

5.有尊貴感：誰需要穿起來顯得尊貴？哪些場合就是需要這類的服飾？

6.服務優：哪些人買服飾最重視專櫃小姐服務的態度？購物對他們是一種樂趣？

7.送貨速度快：哪些人或哪些行業特別重視訂貨之後，在最短的時間內送達？

8.涼爽：哪些場合或地點，誰最需要涼爽的服飾？

9.防火：誰做事情最需要防止火焰的傷害？哪些行業或職業經常使用火？

10.抗靜電：哪些工廠或產品很容易產生靜電？誰最需要這類的服飾？

這個思維模式就是「界定需求—確定市場—鎖定目標消費者」，三個因素串連在一起思考，尋求出你產品的目標消費者，而且是真正需要的消費者，反過來說，找出消費者最重視的因素，才能夠吸引他們前來購買。

例如前去搭飛機的旅客，很在乎飛機引擎嗎？不知道，或許消費者很在乎機上的餐點，座位的舒適度，或是準點吧！

從馬斯洛需求層次理論來看，也可以一窺消費者需求與服飾設計層次的不同。雖然馬斯洛已經修正了他的五個層次理論為七個，但是為求解釋方便，以及大家比較熟悉舊的五個層次理論，本書舉例以五個層次理論為例：

1.生理需求：想吃、想睡、食衣住的滿足—內衣褲、日常衣物、保暖衣物。

2.對安全的需求：想保護自己、逃離不安—安全有機材質。

3.對愛的需求：想和別人一樣、想被愛—公司制服。

4.對自尊的需求：受到認可、想被尊敬—高級名牌服飾。

5.自我實現：想過著充實的人生、提升自我—全世界只有一件時髦的服飾。

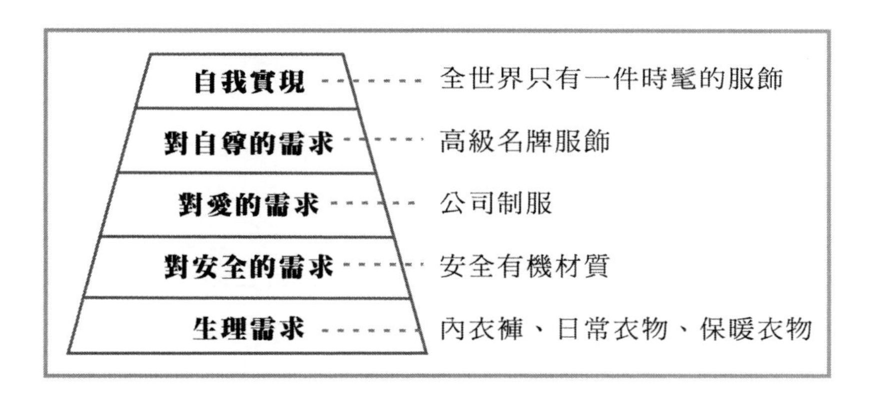

所以，當你自己有一塊農地，想要開餐廳，你也可以根據「對安全的需求」，針對那些很在乎自己的健康，對於食材安全性需求高的消費者，設計一家「後花園」餐廳，沒有菜單，提供的都是當天在餐廳後面農地採收的菜，或是「動物」，有什麼就吃什麼，保證沒有農藥，不餵食化學飼料，植物隨便長，動物隨地跑，標準的有機健康餐飲。

誰會過來這裡消費？這些目標消費者都會在哪裡出現，都會看哪些雜誌或Facebook粉絲頁，都會從哪裡搜尋到健康有機的資訊？

一、合乎消費者利益

你要再次確認你想要開發的產品或服務，可以合乎以下哪些消費者利益，也就是說，當消費者購買你的產品或服務，可以獲得哪些利益？

以下列出41個消費者利益，就你想要開發的產品或服務，請你至少挑出三個利益，然後檢查並討論出優先排序。

1.可以賺更多錢	2.增加各種機會	3.擁有美的事物
4.可贈予他人	5.更加輕鬆	6.更為省時
7.節省金錢	8.節省能源	9.看起來更年輕
10.身材更好更健康	11.更有效率	12.更便利
13.更舒適	14.減少麻煩	15.可逃避或減少痛苦
16.逃避壓力	17.追求或跟上流行	18.追求刺激
19.可迎頭趕上別人	20.提升地位或優越感	21感覺很富裕
22.增加樂趣	23.讓自己高興	24.滿足花錢的衝動
25.讓生活更有條理	26.更有效溝通	27.可以和同儕競爭
28.及時獲得資訊	29.感覺很安全	30.保護家人
31.保護自己的聲譽	32.保護自己的財產	33.保護環境
34.可吸引異性	35.可換得友誼	36.希望更受歡迎
37.可表達愛意	38.得到他人讚美	39.滿足好奇心
40.滿足口腹之欲	41.可以留下一點什麼	

你甚至可以利用以上的41個消費者利益，去開發新的目標消費者！

例如旅行社，或是旅遊顧問，你至少可以列出五個以上的消費者利益，但是第18個「追求刺激」呢？你是否可以開發一個專為有錢到不行的客戶，閒得很無聊，想要追求刺激，就安排他們去中東戰場去打戰，體會生死交關的刺激感？

一個簡單的配飾，也可以有很多種利益，看PANDORA即是；一件簡單的內衣，也可以創造一些新的利益，看Victoria's Secret即知。

現在請你寫下你的產品或服務，消費者可以獲得的利益，並且根據這些利益，清楚地寫出你的目標消費者。

你的產品或服務	消費者利益	可能的目標消費者

二、持續獲得忠誠消費者

為了要吸引你的目標消費者，你要根據上述所設定的消費者利益，比對市面上和你競爭產品的消費者利益，挑出一個和他們不一樣的消費者利益，創造差異化。

設計一個簡單的理由去購買複雜的產品，給目標消費者的第一印象就是只有一個簡單的購買理由，我們都知道要做一件產品當然可以滿足各種不同的需求，例如牙膏，一條牙膏一定可以兼具美白、預防牙菌斑、預防蛀牙、口氣清新、牙齦保健等功能，但是消費者（甚至你自己）根本無法一下子知道這麼多，也不知道你的產品是「怎樣的一個人」，如果把一個產品當作人來看的話，你會簡單地將這個人歸類為某種人，否則你無法介紹他這個人。

同理，一條牙膏對外面的主要訴求是什麼？先強化這個簡單的訴求，以吸引目標消費者的注意，至於其他功能就寫在文案中，當目標消費者有興趣以後，他們會再仔細看你產品或服務的其他功能。

因此，當我們想要買一部安全指數高的車？想要買一部內部空間很大的車？想要買一部很省油的車？想要買一部跑得特別快的車？你的腦海中有沒有浮現出哪個品牌？這就是品牌廠商刻意創造差異化的成果。

當你已經擁有消費者，就必須使用一些常客的獎勵制度，以促使他們經常過來光顧，甚至可以讓他們看到累計的過程，以提高參與的意願。

這方面星巴克就做得很好，以前只是在星巴克卡儲值1000元就送一點免費的中杯飲料，現在全球執行的新星級、綠星級、金星級會員制度，各個不同等級就有不同的優惠，而且還可以在手機APP上看到自己目前累積的點數與星級，更誘人的是星巴克還提醒你只要再累積多少點就可以升等，就這樣在指定商品9折優惠、免費中杯飲料一杯，生日慶賀禮、新品飲料嘗鮮優惠，甚至有專屬金卡一張等誘因，可以想見的是，當消費者在外面出差或逛街，想要喝一杯咖啡的時候，大多數的時間都會想要去星巴克消費累積點數，取得升等拿優惠。

在成為你的消費者之前，都是經過宣傳告知、試用第一次、比價或比價值、欣賞你的服務，之後才好不容易成為你的消費者，接下來如何鞏固這些忠誠消費者就顯得更為重要。

除了上述星巴克的方法之外，你也可以嘗試以「每次消費再送100點！」、得到免費的點心等，以針對許久沒有過來的消費者設計。

會員卡，這是必然會想到的方式，但是你要思考如何活用好不容易發出去的卡片，想一些活潑有趣的方式讓消費者喜歡使用你的卡片消費。除了目前經常採用的點數、里程數、折扣、現金回饋之外，是否還可以開發其他的促購方式？

可否創造一些「驚喜」的獎勵，有神祕禮物、免費食物，或是讓消費者覺得「幸福」或「滿足」的感覺，可能更有促銷效果。

可否鼓勵他們進行社群的分享，將點數送給朋友或家人，以獎勵分享的方式讓消費者和其他人互動，不僅可以獲得分享的喜悅，也可以帶給你更多的消費者。

可否再加上一些公益性質的獎勵，例如和消費者一起贊助疾病研究機構、幫助自然災害的受害者，而且成果都看得到，根據AC尼爾森在2014年的調查，對於有承諾給予社會環境正面影響的企業，有42%美國消費者願意付較高的價格去購買產品或服務，可見以公益行銷也是一個不錯的想法，同時對於自己品牌忠誠度也有加分的效果。

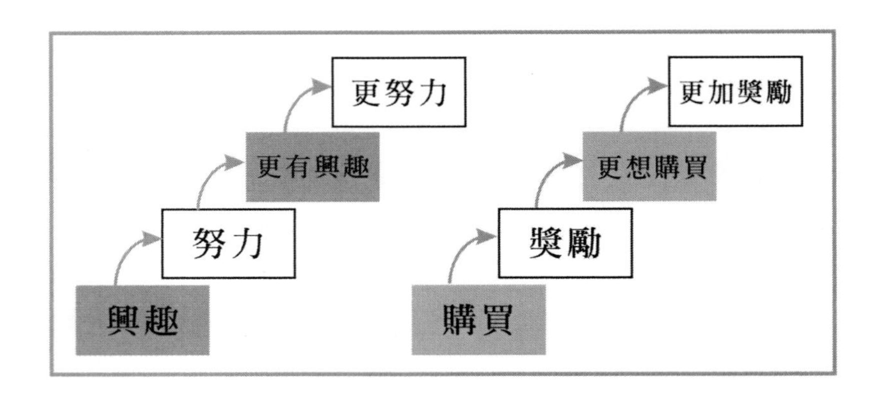

可否為不同階層的客戶設計不同的優惠，就像星巴克的星級獎勵制度一樣，而且各階層不要距離太遠，再設定一個期限，以加強消費者趕緊購買取得升級的誘因。

可否在現有的社群軟體如Facebook、instagram、Snapchat、LINE等設計一些優惠的獎勵制度，而且是使用該社群軟體才有的獨享優惠。

可否和其他公司結合，一起促銷，甚至和你的競爭對手一起促銷，反正「如果你無法打敗他們，就加入他們。」你或許也可以藉此更壯大你自己。

可否弄個遊戲，讓消費者樂在其中，取得更多點數獲得更多獎勵；可否創造神祕感，創造一個禮物會員卡，讓送卡者設定要送的禮物，將卡交給收禮者，拿到門市一刷卡，才知道自己是收到什麼禮物。

★★★
成功創業小提醒

①要賣給誰？請將你的目標消費者清楚描述。

②你的產品合乎目標消費者哪個需求？也就是說，他們有什麼理由要買你的產品？

③你要鼓勵消費者持續地購買你的產品的促銷心理戰術是什麼？

產品
——做對的包裝與設計

最實際而有效的「土」方法，就是將你列出來的至少三個競爭品牌產品或服務，連同你的產品或服務，全部擺放在桌上，做比較。如果只是服務，應該有DM，也一樣放在桌上比較。

這樣最實際有效，因為以後你的產品上市，通路按照產品的類別一定會將相似的產品擺放在一起，消費者也會從中做比較挑選，既然最後決勝的戰場在貨架上，現在你就應該先處理。我曾經去一家生技公司講課，中午休息時間一位企劃人員過來問我產品包裝，她拿四張圖案問我哪一張適合，我問有沒有收集市面上現在已經在販售的商品包裝，有沒有設計商品的包裝盒彩色樣品，她都說沒有，那，如何決定他拿的圖案哪一張合適呢？連敵方長得怎麼樣都不知道！

自己設計的產品包裝還有一個最重要的「盲點」，就是自己設計的最好看，好像自己的孩子長得最好看一樣，別人幾乎無法置喙，這是非常危險的，因為以後不是「自己」要買，而是一般消費者要買，所以，在你設計完產品包裝彩色樣品之後，在你比對所有競爭對手的產品包裝之後，你個人覺得已經很滿意了。

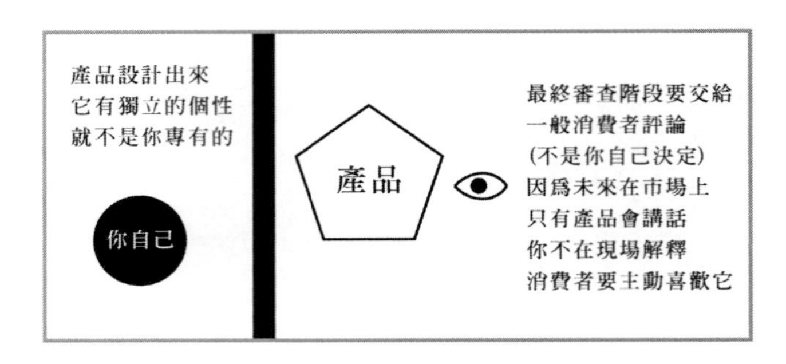

接下來就是問一般消費者，或是邀集十多位目標消費者開個焦點團體座談會，仔細傾聽他們對於你產品的意見，或是在特定場合舉辦免費的試吃試用等活動，以了解消費者實際的使用心得。多聽聽他們的感覺，仔細琢磨應該如何修正到合乎他們的期望，最終的目的就是讓他們「看一眼就很喜歡」！

最後，產品包裝設計最切實有效的方法，就是將你的產品直接放在通路上，你的產品在通路應該會被分類到哪個架位上，擺在那裡，和旁邊競爭品牌放在一起，對照比較，你的包裝設計勝出還是失敗，一看即知。現場的氛圍與陳列也會影響消費者的認知，在聲光效果的干擾之下，消費者的判斷也會有差異；因此，現場的實測比較非常重要。

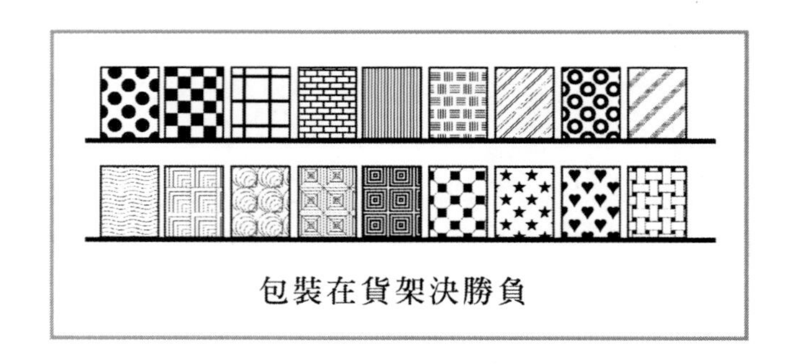

包裝在貨架決勝負

自己如果要培養產品設計的判斷能力，就要隨時使用感性和理性的方法去拿每一件產品，這個訓練隨時都可以做，當你拿到一個產品時，你可以先理性地去分析它的目標消費者應該是誰？然後你就用感性去模擬想像那個目標消費者，換成是他你感覺如何？你可以再以理性的態度去分析這個產品的功能訴求，以及標語文案的描述；再以感性的方式去感受，如果你是目標消費者，你會受到吸引嗎？

我相信經過這樣不斷地鍛鍊與練習，你對於產品設計的判斷力一定會增強，有時候你真的不需要自己去動手設計產品，但是你一定要會判斷，哪個設計合乎你設定的策略方向，因為你是管理者，不是一個產品的設計師而已。

一、產品功能訴求

產品功能訴求和消費者利益是相依的，消費者想要的產品使用利益剛好就是產品的功能，所以在制定產品的策略時必須要非常明確，以某世界性戶外運動服飾品牌為例，他們的策略很清楚，「Cool、Warm、Dry、Protect」是全公司所有部門必須遵行的，這樣有一個好處，就是研發部門只要看到以上四個項目廠商提供的專利，就可以採用，或是材料或技術合乎以上四個功能也可以，其他不落入四項者一律不考慮。

而業務部門也根據這四個功能進行廣告製作與宣傳，因為他們的服飾的特色就是這四項功能，這樣的制度設計才能夠集中全公司的資源，做對的事情。

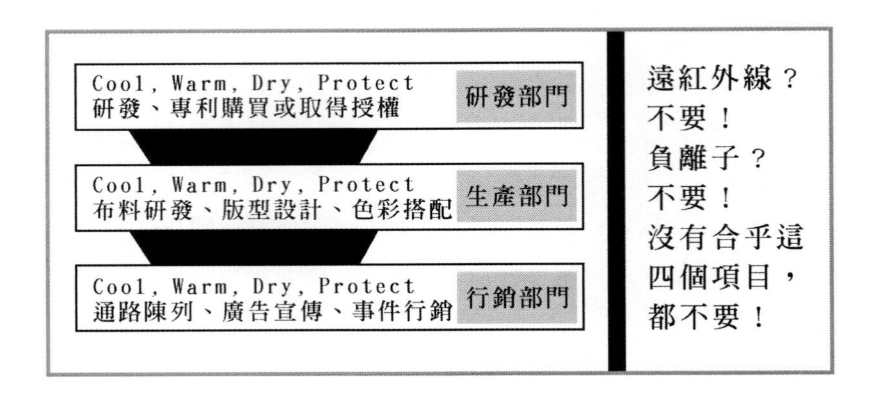

差異性，是產品功能訴求的必要條件，這就好像是行銷學所說的「尋找空位」，如果你的功能訴求和其他競爭產品一樣，在你是後發品牌的條件之下，在消費者都習慣於購買其他競爭品牌的情況之下，有哪個理由還要轉變消費習慣去購買功能完全一樣的產品？

產品差異化的切入有很多，茲整理後可參考以下幾個方向：

1.滿足消費者有什麼需求

2.研發與技術切入

3.製程切入

4.原物料切入

5.品質等級切入

6.現場設備、地理條件切入

7.功能切入

8.服務切入

9.品管切入

10.手工打造切入

11.訂製特製、全球限量切入
12.獨家配方、專利權切入
13.低價格切入
14.競賽得獎切入
15.現場立即切入
16.知名品牌切入

所以，日月潭涵碧樓這個產品的特色就是面對日月潭湖水景觀，PC Home（網購）強調24小時內快速到貨，LV皮件訴求法國頂尖師傅手工打造，摩斯漢堡一直以來深受消費者信賴的就是現點現做，農地契作，全聯福利中心一直追求全國價格最便宜的平價超市，而City Café以24小時5000家店平價便利的咖啡橫掃全台，蘋果日報以圖片多，社會影劇新聞多取勝，王品牛排標榜服務最佳，每個產品或服務都具有差異性，同時也不斷地強調其差異。

二、包裝與設計

一件產品的包裝設計可以講得很簡單，不就是弄得好看易找到嗎？也可以講得很複雜，因為品牌塑造與經營最終還是落實在包裝設計上，也就是說，消費者看到產品包裝，也同時感受到品牌想要傳達的意念，這樣分析就很複雜了。行銷，有時候要懂很複雜的道理，因為我們寧可懂很多，每一個層面都去檢視，這樣成功機率才會提高。（因為失敗機率相對減少）

大家都知道「不能被看到的商品就不會被購買！」，商品陳列的位置很重要，但是在一堆令人眼花撩亂的貨架上，同質性高的競爭商品都全部排在上面，哪個品牌能夠搶先進入消費者的視線內，那才真正是「大功一件」。

超過三分之二的消費者逛賣場後，對產品幾乎沒有任何印象，這就好像是我們聽廣播電台的廣告一樣聽過就忘了，所以廣播廣告至少要連續放一個月的檔期，才會有些微的可能性讓聽眾記住。

包裝本身就是銷售力，要讓包裝自己會「講話」。包裝的「杜邦定律」就是超過60%的消費者是根據商品包裝的外觀設計為依據進行購買決策的；到超級市場購物的家庭主婦，由於精美包裝的吸引所購買的商品往往超過他們出門時打算購買數量的45%。

所以，設計出和同質性商品相比更有「視覺衝擊記憶力」的包裝設計非常重要，或說這是0.2秒的設計力，也是一種美學競爭力，要達到這樣的銷售力包裝設計要求，其實這是設計人員的任務，你只要具有判斷力即可。

當然，最終的決勝戰場還是在現場賣場的陳列架上，你和設計師一起去賣場放上你的包裝，頓時，設計師的壓力馬上湧出，因為在現場與其他同質性商品相比，銷售之可能性馬上呈現，毫無遮掩與迴避空間。

你自己先掌握住包裝設計的六項原則：

1.在現場貨架上，這個產品你的感覺如何？

2.包裝的圖案和文字是否可以清楚易讀？（目標消費者如果是老人，可以看清楚嗎？）

3.包裝圖案和你設定的產品功能與訴求是否相符？目標消費者看得懂嗎？喜歡嗎？
4.包裝上面的商標設計如何？具有現代感或傳統古法印象嗎？合乎你的策略嗎？
5.包裝上的功能特色說明清楚嗎？（會不會違反政府的法令規定？）
6.整體包裝的設計有賣點或容易記憶的特點嗎？（讓消費者只要記住一個點就可以找到）

整體而言，商品包裝就是一種以色彩、形態、文字與品牌商標一起建構的企業形象。就好像我們一想到可口可樂，腦海裡馬上反應的就是那大紅色的包裝和極具個性的Logo，一談到NIKE，立刻聯想到那個大大的對勾。

在每一個包裝元素上，如果能夠創造一個不容易忘記的視覺焦點，你產品銷售的成功機率大增，所以包裝設計不是只要設計好看漂亮而已，清楚而有特色的視覺焦點才是重點，也是你要釘緊設計師的地方。

三、包裝實務祕招

1.要設計可以讓消費者放入包包內的產品，因為有90%的消費者會想要放進包包。
2.利用造型、色彩設計，以及文字，最好有標章或實驗，以取得消費者的安心感，同時顯示出想到表達的效果，例如活力、濃縮、亮白等效果。

3.多留意時下服飾的流行色，以使產品的造型與色彩與市場同步。

4.生動的寫實照片比較容易說服消費者。

5.不要刻意地模仿知名品牌的包裝設計，因為這不會帶給消費者好印象的。

6.包裝設計一如繪圖，均衡比例等原則一體適用，太不均衡會帶給消費者一種來歷不明的疑惑感。

7.可以考慮強調產品內含的成分，以代替不能標示的功效。

8.差異化設計的最終目的，就是精準目標消費者的需求，讓他們感覺「這就是適合我的產品」。

9.產品的底色和主要的圖樣，決定了產品的調性，也決定了品牌產品的形象，要抓準這兩個要素。

10.食品類的產品，就要設計出有「食慾」，無論使用黑白或灰色，或是大紅，只要感覺有食慾即可。

11.接受度高的卡通人物，是一個不錯的考量，無法取得授權，就自己去創造吧。

12.擬人化、卡通化可以加深產品印象，例如綠巨人。

13.要考慮產品在實際貨架上的情況，例如底下通常都有一個橫桿，所以產品名稱不能安排在下方。

14.訴求對象是女性的美容食品，不要專注於產品訴求，要以品牌產品的整體形象設計著手，購買的意願還會提高。

15.有時候設計復古風仿舊包裝，反而會讓年輕人喜歡，但是市場時機要抓準。

16.產品設計得很經典優雅，看起來是很有高質感，但是這樣的包裝最容易埋沒在眾多商品群中。

17.留意目標消費者的使用時機與場地，以設計更合適於他們使用的包裝。

18.多考量如果消費者也可以拿你的產品當作禮物送人的話，品牌形象和產品訴求就要全盤再檢視。

19.產品特性最好明白顯示，最好少用隱喻方式表達。

20.明顯的品牌或產品名稱，以及大量的留白可以考慮，其目的就是在賣場上容易被消費者注意到。

★★★
成功創業小提醒

①你的目標消費者可以在賣場上一眼就看到你的產品嗎？

②你的產品的差異化特色？給消費者一看就覺得需要的理由。

③產品包裝自己會講話，多花時間與成本設計出切合目標消費者喜好的包裝。

價格——訂一個消費者心動的價格

定價，就是制訂一個讓消費者心動的價格，其實，消費者多半不清楚什麼樣的價格才是划算的，通常都是心理的感受，所以，與其說是數字的科學，倒不如說是數字的心理學。

例如99、119、149都是我們非常熟悉的促銷價格。如果在女性服飾的標價從34美元調高為39美元，研究顯示銷售立即增加30%；反之，如果將標價從34美元調高為44美元，銷售卻沒有任何增加，可見適當的心理戰可以增加銷售力。

最基本的價格制訂方式就是成本加成定價法（cost-plus pricing），也就是計算倍率，一般而言，品牌商品的倍率約4.5至6倍，以5倍率為例，商品的進貨成本（含包材）應該要在市場建議售價的20%以下，因為通路本身就抽50%，剩下的30%毛利還要支付人事、辦公處所、運輸、庫存、廣告等成本，所剩的淨利實際上不多。

就是因為大家都是在艱困的環境中求生存，因此對於價格的制訂，或是促銷價格的擬定，更應善用心理戰，要讓消費者覺得花這個錢是值得的，這才是高招。

以下列舉一些市場前輩在價格促銷的實驗及實務的心得，茲提供給各位參考：

1.賣場的促銷標籤不得高過整個賣場產品的30%，這樣產品銷售數量可以提高50%以上，這意味著要讓消費者真的認為該產品是促銷貨，而且要讓消費者覺得是物超所值，而不是清倉大拍賣。

2.39元比34元好賣，如前所述，尾數9有便宜的感覺，但是促銷標籤和尾數9只能擇一，又是促銷又是9其實沒有提升銷售量的效果。

3.創造高價定錨產品，以相對比較其他產品便宜的假象，拿一個產品訂價超高，其他的產品就顯得很便宜，即使其他產品的價格比一般水準還略高，可是在這個價差比較下，消費者當下會覺得便宜。

4.使用「三樣選擇定價」（Goldilocks Pricing），這是源於《金髮姑娘和三隻熊》的童話故事，話說迷路的金髮姑娘進入熊屋，她嚐了三碗粥，試了三把椅子，又躺了三張床，最後決定睡在最適合她不大不小剛剛好的床鋪，金髮姑娘選擇事物的原則就叫Goldilocks Principle。因此，在賣場上就陳列三款尺寸不同的電視，把利潤最好的40吋699美元放在中間，旁邊分別擺放32吋499美元和46吋899美元，消費者通常都會被導向選擇中間價位的產品。

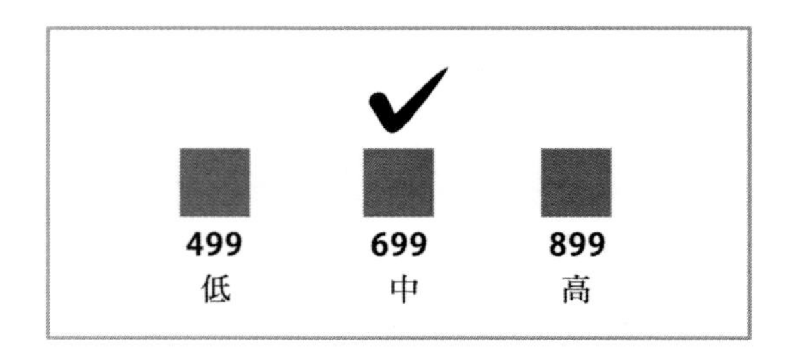

5.多花些心思製作「特價」、「大降價」訊息的標籤，消費者對這些訊息很敏感，也很配合買單。

6.愛用紅色，使用紅色商標或標示，容易攻佔消費者的注意力，並且可刺激購買慾。

一、價格定價策略

1.日常生活用品價格策略：由於消費者已經對於該產品的價格區間認知固定，一有價格變動將十分敏感，因此如果有超低價格促銷將容易促銷，但是期間不宜過長，次數不宜頻繁，以免削弱及降低產品原有之價格認知，只要讓消費者以為產品應如此低價，未來則很難提升售價。

2.限時價格策略：逢年過節，週年慶等各種促銷降價的理由，使用限時搶購的方式，往往可以刺激消費者的購買衝動。

3.一般商品價格策略：同質性的商品不需要競價的時候，可以用成本加成倍率計算，能不降價就不要輕言降價，因為這會直接降低利潤，大家盡量在產品功能上取勝為宜。

4.衝動性購買商品價格策略：一些標榜時尚新潮的商品，例如保健品、護膚品與休閒娛樂商品等，因為消費者隨機購買率較高，對商品價格並不會特別在意。因此這類商品的價格通常訂得較高一些，以獲取高額利潤，同時因為高價格印象也可提升賣場的高格調整體形象。

二、定價實務祕招

❖ 1.減緩消費者花錢的痛苦感

根據腦神經科學相關研究，「買東西」這個動作會刺激大腦管理痛覺中心，消費者可以不眨眼地買了數千元的物品，卻因為自動販賣機吃掉他們的零錢而氣急敗壞。

就像一些主題樂園一票玩到底一樣，不要讓消費者玩每一個遊戲項目又要掏錢出來，感覺很差，他們以後就不太願意來；如果能夠做到吃到飽，一次付費，避免每一筆花錢的痛苦，其實成本都計算在內，消費者實際上也沒有賺到什麼，但是消費的過程就愉悅多了。

盡量使用信用卡付款，因為信用卡是花錢止痛劑，只在一彈指之間，這樣消費者就沒有掏錢付現的痛苦感。

盡量和其他產品結合，做一套組合的產品，看起來物超所值，其實暗藏滯銷商品，哈！

價格定在合理範圍內，致力於提升產品功能與品質，如果到最後價格比其他競爭產品還要貴，要清楚解釋為什麼花這個錢是值得的，消費者還是會買單的。

❖ 2.盡量不要有金錢的印象

如果是你要送消費者金錢，當然可以越清楚越好。

但是如果你要向消費者拿錢，最好不要提「存錢買媽媽的禮物」，那個「錢」的暗示會讓即使是慷慨的消費者再多考慮一回。

因此，特別優惠只有今天、48小時限時大特價，即使是餐廳的標價，只要標12即可，不要標$12，或12元，消費者接受度會很高。所以就是昂貴的鑽石，他們從來不談錢，總是以「鑽石恆久遠，一顆永流傳」之情緒牽動成功地行銷。

❖ 3.創造多賺到的感覺

讓消費者有感覺到多賺的快感，其實這個感覺是可以設計的，而且只要有比較，消費者通常都會選擇比較划算的那一組產品。

（1）價格不變，增量20%，一瓶鋁箔包飲料寫這樣，消費者就毫不猶豫地選它了。

（2）使用《經濟學人》定價組合做一實驗。

A組　$59 網路訂閱（68人選擇此項）

$125網路+印刷本（32人選擇此項）

總業績：$8,012

B組　$59 網路訂閱（16人選擇此項）

$125 印刷本（無人選擇）

$125網路+印刷本（84人選擇此項）

總業績：$11,444

B組的組合產生的業績多出A組的43%！只是透過組合的巧妙設計，讓消費者感覺買（網路+印刷本）組合比單買印刷本划算，其實對你來說都一樣。

★★★
成功創業小提醒

①讓消費者感覺花錢花得值得，多注意定價策略。

②讓消費者感覺「多賺到」，樂意花錢購買優質產品。

③留意賣場購物心理戰，中等價位的產品有品質不錯價位適中的決策因素。

工廠——要怎麼和工廠合作

工廠，是一個複雜的有機體，你無法去掌控他們，你只能檢視他們，盡量地給清楚的指令要求他們，透過各種方式了解他們，以選擇長期和你配合的工廠。

一個簡單的案例，如果你的產品有敏感色，在染色過程中必須高溫攝氏120度維持三小時，這個工廠的工人程度好且敬業，他們會在八點半開爐，九點溫度到達規定的溫度持續到中午十二點，待十二點半降溫後才去用餐。如果你遇到程度不好且偷懶的工人，他九點上班才開爐，中午十二點就降溫完畢，真正在攝氏120度高溫的時間只有兩小時，這一小時的差異很可能是你產品色牢度不佳的主因。

再加上工廠員工在作業表上造假，寫明有三小時的作業時間，你根本無法抓到問題的核心，品質一直無法達標。

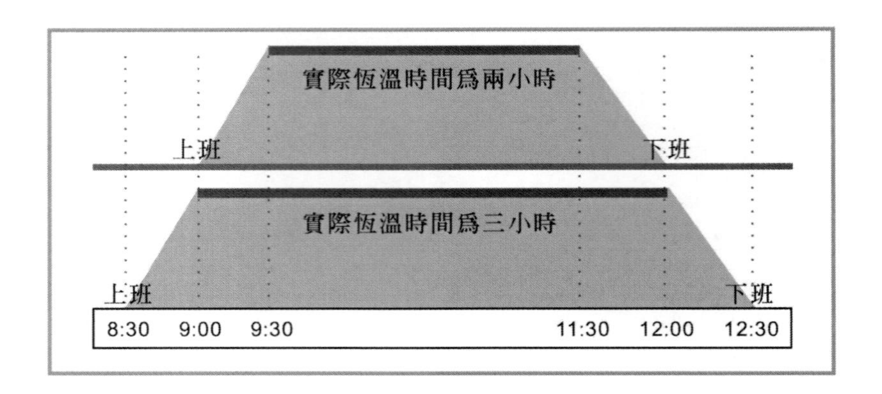

所以，到工廠參訪，什麼地方都要「快速地」仔細看，就是外表輕鬆內心嚴肅啦！老闆的談吐為人，工廠作業員工的工作情況，物品擺設是否按照安規，目前正在代工哪些品牌等等，從細微處了解這家工廠的代工品質。

從外部的協力廠商或業者朋友也可以知曉一二。

到了國外找代工廠，建議你先去當地的市場逛逛，因為當地的物資會反映當地的工資，你就可以據以換算工廠的人力成本，再加上材料和製程的成本，你可以拿到的產品代工價格幾乎就了然於心了，接下來就等工廠老闆出價了。

至少每半年要去工廠走動走動，觀察一下工廠的情況，會不會有倒閉的危險，因為每一家工廠都不是為你一人製造的，如果真是如此，你早就收購為自己的部門了；所以每一家工廠的接單狀況，老闆或財務主管有沒有其他債務纏身等等，多留意一下。最嘔的事情，就是接單無法順利出貨，如果一家協力廠商出問題無法交貨，就是缺那個零件，你就無法出貨，當你看到一堆貨物堆在倉庫裡面，你就可以知道每一家工廠都很重要。

老闆和主管很重要，多和他們聊天，聽聽他們的話，浮誇或誠懇？滿口打包票或是凡事謹慎保守？和員工的對話態度如何？員工走進來開會或送茶水的表情如何？

我曾經去一家大盤經銷商，光是代理商品的年營業額就超過五十億元，和董事長約早上八點半開會，我在八點十分就到公司貴賓接待室坐著，一方面我習慣準時到，另一方面我有時會早到觀察公司作業，八點十五分業務部員工都到公司了，大家很忙，忙著打掃、泡咖啡、處理雜事，八點二十五分大家慢慢地回到座位，八點半就看到每位業務人員開始打電話，九點不到全業務部員工幾乎不在公司，這家公司的業績是業界最好，從小處可看得出來。

我曾經到大陸一家非常知名且紗線品質非常好的工廠，一到公司我就感覺得到這家公司真的是朝氣蓬勃，光是派車的調度室，車輛管制與司機派遣有條不紊，也很準時地到機場接我；和工廠幹部用餐聊天，知道他們經常辦理跨部門橫向的員工聯誼旅遊，各部門都派幹部去，找機會讓大家彼此相識好做事，說實在的，我公司開發的原料，這家工廠打樣速度最快，馬上我就可以去實驗，再次調整原料，打樣回報快速，對於新產品的推出時機就是可以快人一步。

和工廠談判代工價格，每個人的個性與目的不同，我們當然都希望能夠談到更低的價格，以降低經營成本；我自己比較不一樣（僅供參考），總希望能夠雙贏，就是代工廠有合適的利潤，我自己也能夠承受得了；因為我的觀念是，如果我們把代工價格壓得超低，那麼他們想要獲取利潤的方式，可能是降低材料的品質、壓低勞工的工資、減少正規的製程，購買次級的助劑等原料，或是在某批貨出問題，最終我還是無法獲得穩定的貨源，順利交貨給我的客戶。

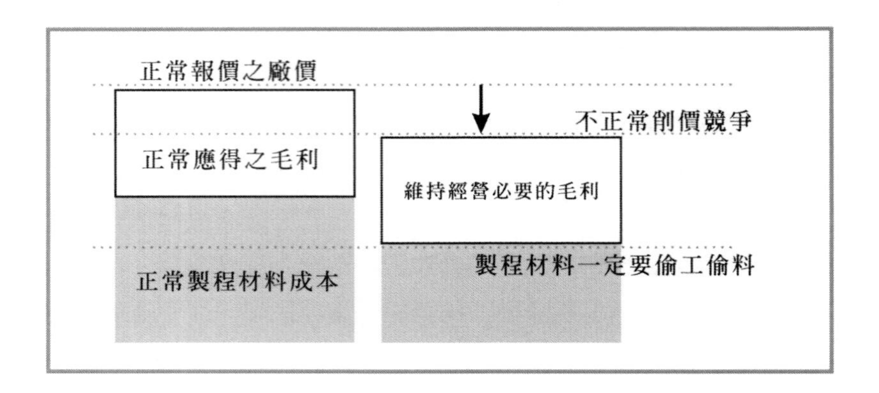

我曾經要買一套布沙發，當新沙發運送到我家客廳後，我發現這沙發的紅色和賣場展示的不一樣，當下我馬上去廚房拿毛巾沾濕，在布沙發搓幾下，布上面馬上出現紅色色塊，色牢度不佳。老闆趕過來看也嚇一跳，馬上打電話給大陸工廠問布料的問題，工廠承認為了要降低成本，改採購其他布料工廠的貨，顯而易見的，這批布料之所以更便宜，就是染色製程偷工減料，導致色牢度不佳。賣沙發的老闆和大陸工廠的老闆有多賺到什麼嗎？光是客訴處理就耗盡了想要賺的利潤了。

所以，我不相信工廠，我總是會多看看，多了解，甚至定期拿去檢測，直到貨品真的到了，我才釋懷。（這是我自己的個性，僅供參考而已。）

一、工廠參觀項目與重點

每個人都有機會去工廠參觀，特別是你要請他們代工，整個工廠繞一圈要看什麼？如果你的印象只是制服很好看，廠商超乾淨，設備都是新的，卻對於產能，效率，不良率等等數據毫無所知，那你真的只是在看熱鬧囉。

如果你的工廠被客戶參觀，你能在適當的位置顯現相關的數據與成果，也適時地引用現場數據加強說明，並且展示工廠的管理系統，同時也藉此訓練現場相關人員的專業知識與應變能力，相信你的客戶能更相信你出貨的品質與準時交貨能力。

❖ 參觀工廠要注意的八大重點

1.生產線資訊看—正常應顯示機型和數量，單位時間目標和實際數量，人力、生產、品質狀況。

2.信號儀錶等工具—現場人員正常應該配備，或應有正確使用相關工具設備的說明圖表，以及相關的查核表。

3.檢查及修理報表—應有相關表單以即時反應，員工有正確填寫並註記單位與時間，如果有嚴重異常有即時警示措施。

4.作業站位置—出入動線順暢，並應具備機型作業指導書和不良回授資料。

5.班組長管理—值班管理人員的工作項目，以及專業訓練，以應變調度能力及對現場數據的掌握。

6.原物料流程—觀察是否有流程運作不當，或是材料損耗與終端品質不良等原因。

7.原物料成品放置及標示—放置位置乾淨否，有沒有規劃先進先出的動線，物料種類及數量有否標示清楚。

8.作業人員工作態度—觀察作業人員的熟練度與工作態度。

二、談判人才的特質與應有的訓練與認知

1.要坐在國際談判桌上，良好的外語能力是第一要件。具備流利的外語，才有扣緊問題、立即反應的機會。

2.互動能力好、反應快。因為兩造在談判時，根本不知道下一秒鐘會發生什麼事，一定要靠臨場的反應快。

3.談判人最好還要有廣告人的創意，要解除雙方對立姿態、攻破對方心防，需要靠創意的奇想。

4.沈得住氣的性格，冷靜，不要落入情緒的陷阱而傷害判斷力。

5.要有相當的體力，談判是消耗戰。

6.掌握資訊，拉大談判空間，增加談判籌碼，以及創造解決歧見的機會。

以上第二條我有一個有趣的經驗可供分享，美國一家知名品牌來台找我公司代工，經過我們解說後，美國公司代表同意但要求簽保密協定，你們是知道的，一份英文的保密協定要花多少時間閱讀啊，全部讀完就可以去考托福了，加上我是一位很懶惰的人，當場我就說：「喔，不必了，他們（我老闆和同事）都不懂英文，所以他們不會說出去的。」全場懂英語的人哄堂大笑，就

忘了簽約的事，繼續下一個議題，這個僥倖而無厘頭的話，加上對方的不專業，我就成功逃過了，哈！

★★★

成功創業小提醒

①產品成本工資與當地生活水平相關，多細心計算即可得到適當的代工價格。

②工廠作業流程與品質控管，多關心與留意，以免一個小誤失而壞了品牌形象。

③隨時或定期訪廠，以便觀察該工廠的出貨情況，預防工廠臨時倒閉，致使你缺少零件無法順利出貨。

公司——你要設立哪一個工商登記

微型企業的工商登記大多數多選擇行號或有限公司，本章節只討論這兩個，至於其他的如無限公司、兩合公司、股份有限公司就等到你壯大以後再說吧。

既然要創業，就去做工商登記，誠實發立發票，誠實繳稅，如果你做的事業沒有利潤去付營業稅，那就是你規畫有問題，還是暫停執行吧。

一、有限公司

資本社會最偉大的發明就是「公司」的設計，它可以讓你擁有無限的利潤，卻只負擔有限的責任；也就是說，當你的公司賺大錢的時候，股東們可以無限分享紅利，但是當公司賠錢時，只賠到公司的資本額，因為這家公司是有限公司，意味「責任」有限公司，債權人還有剩餘的債款不能個別向股東索賠。股東們出資成立法人有限公司，其資金僅止於出資額，不及於股東個人的資產。

所以，根據公司法第2條：公司分為左列四種：

一、無限公司：指二人以上股東所組織，對公司債務負連帶無限清償責任之公司。

二、有限公司：由一人以上股東所組織，就其出資額為限，對公司負其責任之公司。

三、兩合公司：指一人以上無限責任股東，與一人以上有限責任股東所組織，其無限責任股東對公司債務負連帶無限清償責任；有限責任股東就其出資額為限，對公司負其責任之公司。

四、股份有限公司：指二人以上股東或政府、法人股東一人所組織，全部資本分為股份；股東就其所認股份，對公司負其責任之公司。

有限公司只要一人就可以成立，特別注意「就其出資額為限」，所以你成立的法人公司所執行的業務以你出資額為限，因此如果你的出資額只有100萬元，你當然無法去承攬2000萬的工程，因為你只要擺爛，對方只能求償100萬元而已。

我是比較鼓勵去申請有限公司的登記，因為股東僅對出資額負有限責任，而且公司未來規模日益擴大，也可以變更組織為股份有限公司；再者，如果擔心股東人數眾多意見不一，其實你可以刻意縮小股東人數，而且，如果大家不同心，何必合作來創業？

只是，一旦成立有限公司，一切都依法行事，可能手續會繁雜些，但是這大多是事務所代勞，你自己要忙的不多。

❖ 有限公司

1.股東之責任以出資格為限，公司是法人組織，股東對公司的責任是有限的，對公司債務作連帶保證之清償責任僅限於出資額。

2.有限公司資本額50萬元以上。

3.須先申請公司設立登記，核准後申請營利事業登記證。

4.有限公司營所稅申報依營業額分書審與查帳兩種方式。

❖ 登記實務

1.法人公司名稱是全國性的，所以你要先想好1-5個名字，到經濟部商業司的網站查詢是否有與其他公司重複，再申請公司名字預查。

2.你也可以利用經濟部商業司的一站式線上申請作業網站，直接線上作業，完成後列印表單，連同規費新台幣300元一併郵寄至主管機關即可。

3.或是準備以下文件進行實體申請作業：

（1）公司設立登記申請書

（2）章程影本

（3）股東同意書

（4）股東資格及身分證明文件

（5）董事同意書

（6）董事資格及身分證明文件

（7）建物所有權人同意書

（8）最近一期房屋稅單影本

（9）委託會計師查核簽證之委託書、查核報告書及其附件正本

（10）設立登記表兩份

二、行號

根據商業登記法第三條：本法所稱商業，指以營利為目的，以獨資或合夥方式經營之事業。

一般所稱的行號或企業社資本額可以5萬、10萬..不等，屬於小規模的商號，在法律上它沒有獨立的法人格，簡單的說就是商號的負責人需要負擔無限責任，通常建議以獨資居多。

如果是合夥開商號，雖然可以分工合作，而且可避免獨斷專行而造成企業危機，但是因為彼此是負擔無限責任，商業風險比較高。而且，我個人意見是既然要合夥，為何不開有限公司就好，一樣是合夥，而且是負有限責任呢。

而且，企業社不具法人資格，當你以後壯大後無法改組為公司組織，而且也不能購置企業所須的不動產，做為長期事業的發展基地。

❖ 企業社

1.無論是獨資或是合夥，資本主責任無限，不具有法人格。
2.登記時沒有資本額限制，只需要申請營利事業登記證即可。
3.小規模營業人，得申請免用統一發票。
4.當年度營利所得要併入資本主個人的綜合所得總額申報。
5.月營業額未滿20萬，可向國稅局申請使用收據，並依核定的營業額一年繳四次的營業稅，如果是獨資公司，營利所得要併入獨資者的所得計算，就沒有報稅的問題。

❖ 登記實務

1.商業登記的主管機關為各縣市政府，行號名字是區域性的，你先想好1-5個名字，到經濟部商業司的全國工商入口網，查詢所要申請的行號名稱是否和你同一地區既有的行號名稱相同，再申請行號名字預查。

2.根據商業登記法第4條：左列各款小規模商業，得免依本法申請登記：一攤販。二家庭農、林、漁、牧業者。三家庭手工業者。四合於中央主管機關所定之其他小規模營業標準者。

3.申請人須備妥申請書，負責人身分證件，資本額超過新台幣25萬元者另附證明文件，所在地建物所有權狀，登記費新台幣1000元，向所在地的縣市政府申請。

4.如果為合夥，須另外檢附合夥人的身分證明文件及合夥契約書。

5.上述之建物所有權狀也可以用建物謄本、房屋稅籍證明、最近一期房屋稅或其他可以證明建物所有權人的文件替代。如果該建物所有權人不是行號負責人，應加附所有權人的同意書，而其同意書也可以用租賃契約，或載明可辦理商業登記或供營業使用的租賃契約代替之。

三、營業稅申報實務

1.你在完成公司登記或商業登記後，要記得去辦理營業人登記，取得統一編號及稅籍編號，以便日後繳交營業稅及營業所得稅。

2.營業稅分為加值型營業稅和非加值型營業稅，加值型營業稅係指在各階段的銷售中，對其銷項稅額超過進項稅額的差額部分予以課稅，營業人支付加值型營業稅時，除法定情況之外，其進項稅額可以扣抵銷項稅額。而非加值型營業稅就是總額型營業稅，按照銷售總額做為稅基予以課稅，因為進項稅額不能與銷項稅額扣抵，因此這成了額外成本，因此適用的行業諸如金融業、特種飲食業、小規模營業人，以及符合一定資格條件的視覺功能障礙者經營的按摩業，和財政部規定免予申報銷售額的營業人等。

3.統一發票粗分為三聯式發票，買受人為營業人，以及二聯式發票，買受人為非營業人，這是手開發票，也可以申請三聯或二聯收銀機發票，或電子計算機發票。我建議申請含有「副聯」的三聯式和二聯式發票，這樣未來要申報之前，可以將「副聯」自行撕下留存對帳用，方便至極。

★★★

成功創業小提醒

①營利事業登記要使用哪一種方式登記，也要考量責任有限與無限的問題。

②建議委由專人申報稅務，你自己定期看財務報表，專心經營管理。

品牌

這是品牌行銷的時代，所以品牌命名很重要，你想要登記的品牌名稱好記易唸嗎？因為目前行銷費用很貴，消費者在路上、在報章雜誌電視廣播網頁上好不容易看到你的品牌和產品，如果是「菜市場名」普通到不行，看了就忘，白白地浪費寶貴的行銷資源！

開公司，創品牌，大家都會想要求一個吉利好記的名稱，有人還要算筆畫，無論用什麼方法，你自己覺得有用，未來會有希望就好。

以下舉出全世界知名品牌，大家已經耳熟能詳的品牌名稱，當然不是隨便去翻字典就取得，他們大多數都有一個獨特的含義，或是背後的故事。

1.樂高（LEGO）是丹麥語中兩個單詞的組合，意為「Play Well」好好玩。

2.IKEA：創始人Ingvar Kamprad 由他名字的首字母I.K.，加上Elmtaryd and Agunnaryd。這是他長大成人的農場和村莊。

3.Canon：本來叫「Kwanon」觀音），1935年佳能為面向全球市場和消費者，改名為Canon。

4.Sony：源自單詞「Sonus」，這是拉丁俚語中表達「Sonny

Boy」的意思。意譯為孩子、小寶貝，在1950年代在日本通常代表的意思是聰明、好看的年輕男子。

5.Yahoo!：這個詞最早出現在《格列佛遊記》中，當格列佛來到慧駰國，一個由馬統治的國度，Yahoo是智馬們豢養的一種貪婪、醜陋、自相殘殺的物種。

6.Google：取自一個數學術語，10的100次方有個專用的單詞叫做「Googol」表示巨大的數字。

7.Virgin：維珍的創始人兼品牌代言人Richard Branson的某位同事說過這樣一句話：我們在做生意這件事上完全是一個處女（Virgin）。

8.Amazon：創始人Jeff Bezos的想法很簡單，取一個A打頭的單詞，這樣他的公司就會出現在字母表的頂端。而世界上流量最大的河亞馬遜則符合他對這家公司未來成為世界第一的期待。

我一位廠商朋友命名的方法也值得參考，他開的「七里」日本料理店，一開始他要求第一個字一定要是數字，因為他認為數字比較容易記住，之後隨便去兜，於是員工們就兜出七里，再以七里去寫日文，說實在的，我一看就忘不了了。

你的品牌名稱想好了嗎？

通常我都使用以下的方法訓練學生，你也可以試試看，先想出80個名稱，你為了要想80個，就必須動用所有可以用得到的資源，例如網路打關鍵字搜尋、和親朋好友討論、翻百科全書、翻教育部成語字典、在路上逛街時忽然看到別人的招牌等等。

寫完80個名字，從中刪除不適用的40個，留下40個感覺不錯的，每天看，看不順眼就刪除，直到只剩下10個感覺不錯的好名稱，在旁邊稍微寫一下留這10個的理由。

請先填滿80個品牌名稱吧！（命名參考資料請見本書附錄二）

刪除40個名字，請重新填入以下40個空格，這不是整你，而是讓你對這些名字更有感覺，因為它們以後要陪伴你很久很久啊！

請挑出感覺最好的10個名字，同時稍微寫一下選它的理由。

品牌名稱	理由

以上的名稱有合乎好記易唸的原則嗎？

如果都符合，你就拿這10個名稱去智慧財產局網站先預查中英文商標是否有人在你要申請的這一類已經登記了？

商標共分45類，在台灣申請一類（20件物品以下）為新台幣3000元，到大陸申請一類為人民幣1700元，你自己要去查詢你是要申請哪一類商標？

第1類：工業、科學、照相、農業、園藝、林業用化學品；未加工人造樹脂、未加工塑膠；肥料；滅火製劑；回火及焊接製劑；保存食品用化學物；鞣劑；工業用黏著劑。

第2類：漆、清漆、亮光漆；防銹劑及木材防腐劑；著色劑；媒染劑；未加工天然樹脂；塗裝、裝潢、印刷與藝術用金屬箔及金屬粉。

第3類：洗衣用漂白劑及其他洗衣用劑；清潔劑、擦亮劑、洗擦劑及研磨劑；肥皂；香料、精油、化妝品、髮水；牙膏。

第4類：工業用油及油脂；潤滑劑；灰塵吸收劑、灰塵濕潤劑及灰塵黏著劑；燃料（包括汽油）及照明用燃料；照明用蠟燭、燈芯。

第5類：藥品、醫療用及獸醫用製劑；醫療用衛生製劑；醫療用或獸醫用食療食品、嬰兒食品；人用及動物用膳食補充品；膏藥、敷藥用材料；填牙材料、牙蠟；消毒劑；殺蟲劑；殺真菌劑、除草劑。

第6類：普通金屬及其合金；金屬建築材料；可移動金屬建築物；鐵軌用金屬材料；非電氣用纜索及金屬線；鐵器、小五金；金屬管；保險箱；礦砂。

第7類：機器及工具機；馬達及引擎（陸上交通工具用除外）；機器用聯結器及傳動零件（陸上交通工具用除外）；非手動農具；孵卵器；自動販賣機。

第8類：手工用具及器具（手動式）；刀叉匙餐具；佩刀；剃刀。

第9類：科學、航海、測量、攝影、電影、光學、計重、計量、信號、檢查（監督）、救生和教學裝置及儀器；電力傳導、開關、轉換、蓄積、調節或控制用裝置及儀器；聲音或影像記錄、傳送或複製用器具；磁性資料載體、記錄磁碟；光碟、數位影音光碟和其他數位錄音媒體；投幣啟動設備之機械裝置；現金出納機、計算機、資料處理設備、電腦；電腦軟體；滅火裝置。

第10類：外科、內科、牙科與獸醫用之器具及儀器、義肢、義眼、假牙；矯形用品；傷口縫合材料。

第11類：照明、加熱、產生蒸氣、烹飪、冷凍、乾燥、通風、給水及衛浴設備。

第12類：交通工具；陸運、空運或水運用器械。

第13類：火器；火藥及發射體；爆炸物；煙火。

第14類：貴重金屬與其合金；首飾、寶石；鐘錶及計時儀器。

第15類：樂器。

第16類：紙和紙板；印刷品；裝訂材料；照片；文具；文具或家庭用黏著劑；美術用品；畫筆；打字機及辦公用品（家具除外）；教導及教學用品（儀器除外）；包裝用塑膠品；印刷鉛字；打印塊。

第17類：未加工和半加工橡膠、馬來樹膠、樹膠、石棉、雲母及該等材料之替代品；生產時使用之擠壓成型塑膠；包裝、填塞及絕緣材料；非金屬軟管。

第18類：皮革及人造皮革；動物皮、獸皮；行李箱及旅行袋；傘及遮陽傘；手杖；鞭、馬具。

第19類：建築材料（非金屬）；建築用非金屬硬管；柏油、瀝青；可移動之非金屬建築物；非金屬紀念碑。

第20類：家具、鏡子、畫框；未加工或半加工骨、角、象牙、鯨骨或珍珠母；貝殼；海泡石；黃琥珀。

第21類：家庭或廚房用具及容器；梳子及海綿；刷子（畫筆除外）、製刷材料；清潔用具；鋼絲絨；未加工或半加工玻璃（建築用玻璃除外）；玻璃器皿、瓷器及陶器。

第22類：繩索和細繩；網；帳蓬、遮篷及塗焦油或蠟之防水篷布；帆；粗布袋；襯墊和填塞材料（紙、紙板、橡膠或塑膠除外）；紡織用纖維材料。

第23類：紡織用紗及線。

第24類：紡織品及紡織品替代品；床罩；桌巾。

第25類：衣著、靴鞋、帽子。

第26類：花邊及刺繡品、飾帶及辮帶；鈕扣、鉤扣、別針及針；人造花。

第27類：地毯、小地毯、地墊及草蓆、亞麻油地氈及其他鋪地板用品；非紡織品壁掛。

第28類：遊戲器具及玩具；體操及運動器具；聖誕樹裝飾品。

第29類：肉、魚肉、家禽肉及野味；濃縮肉汁；經保存處理、冷凍、乾製及烹調之水果及蔬菜；果凍、果醬、蜜餞；蛋；乳及乳製品；食用油及油脂。

第30類：咖啡、茶、可可及代用咖啡；米；樹薯粉及西谷米；麵粉及穀類調製品；麵包、糕點及糖果；食用冰；糖、蜂蜜、糖漿；酵母、發酵粉；鹽；芥末；醋、醬（調味品）；調味用香料；冰。

第31類：農業、園藝及林業產品；未精製及未加工穀物及種子；新鮮水果及蔬菜；天然植物及花卉；活動物；動物飼料；釀酒麥芽。

第32類：啤酒；礦泉水與汽水及其他不含酒精之飲料；水果飲料及果汁；製飲料用糖漿及其他製劑。

第33類：含酒精飲料（啤酒除外）。

第34類：菸草；菸具；火柴。

第35類：廣告；企業管理；企業經營；辦公事務。

第36類：保險；財務；金融業務；不動產業務。

第37類：建築物建造；修繕；安裝服務。

第38類：電信通訊。

第39類：運輸；貨品包裝及倉儲；旅行安排。

第40類：材料處理。

第41類：教育；提供訓練；娛樂；運動及文化活動。

第42類：科學及技術性服務與研究及其相關之設計；工業分析及研究服務；電腦硬體、軟體之設計及開發。

第43類：提供食物及飲料之服務；臨時住宿。

第44類：醫療服務；獸醫服務；為人類或動物之衛生及美容服務；農業、園藝及林業服務。

第45類：法律服務；為保護財產或個人所提供之安全服務；為配合個人需求由他人所提供之私人或社會服務。

商標是無形資產，一定要去送件到智慧財產局申請登記，申請到商標的專用權有10年，期限到再繳錢又有10年，一直繳錢就一直享用。

在台灣10年新台幣2500元，等於是一年250元，這樣，你一定要去申請了吧！

商標法有民事與刑事的罰則，請不要等閒置之；你可以先到智慧財產局的網站，或是委託專利商標事務所幫你預先查閱，你好不容易想出來的商標名稱是否可以登記。

由於商標是代表使用人的品牌形象與品牌資產，如果有人在市場上所銷售的產品之商標與你的雷同，致使消費者容易因而混淆而購買他的產品，這不僅損害你應有的行銷利益，對於品牌而言也有被稀釋的問題；因此商標審查除了一些既有的規定，例如地名、功能、技術專有名詞、通常用詞之外，審查的基本原則是相同字、同音、同義字不得超過二分之一（1：1），因此，如果你要申請三個字的商標名稱，在該類已經申請商標當中不能有兩個字和你的名稱相同，否則容易有混淆之虞。

例如：我申請「健健老」商標在很多類，但是在食品這一類就無法通過，因為有「健健美」；我曾經申請「微量元素」被核駁，因為會誤導消費者在衣服裡面真的有微量元素，即使是我公司本來就是機能性材料公司，所生產的紗線一定有微量元素，但是智財局一方面認為這是材料名稱不能申請，二方面認為萬一商標轉授權給他人，他人將這商標應用在一般服飾，就會誤導消費者。

再如「好市多」一申請核准，好太多、福市多、喜市多、好市來、好市近都不能申請，因為高過1：1比例原則，只要有混淆類似之虞都無法申請，一個「好市多」擋了多少好名字！

因此，要取得一個好記易唸的好商標是很困難的，而商標是以申請日為判定基準，也就是誰先申請誰就贏，如果你有想到很好的商標，請不要客氣，申請費用真的不多，趕快遞件申請吧，當然，按照法規，取得商標證書之後的三年內必須有實際的行銷行為，那時候你早就開始行銷了！

好記易唸的商標絕對是稀有資產，因為越來越難申請，別人只要想一個很差勁的名字，就可以擋掉你好不容易想到的好名字。

試想，如果你登記一個網址www.good.com，這麼簡單好記的網址你先取得了，別人要出多少價格向你購買？商標亦同，好商標你可以自己享用，也可以授權或轉售。因為你自己擁有商標，你可以使用、收益、處分該商標的權利。

接下來就是針對你的目標消費者和產品類別，設計適合的Logo設計圖樣，任何行業都有既定的刻板印象，試想餐廳和音響的商標，主題樂園和玻璃磁器精品的商標，糖果餅乾和建築公司的商標，他們商標想要表達的意圖和感覺應該不一樣吧！對的設計，適當的Slogan，對於品牌而言絕對有加分的作用。

針對這一個品牌設計，我自己以前的教學可以提供你參考，基本上，如前所述每個行業商標的刻板印象一定有，所以商標的設計與感覺幾乎截然不同，試想餐廳的商標一定都是看起來很好吃吧，主題樂園的商標應該看起來很好玩吧，音響的商標總要看起來很專業吧，而小孩子服飾總要表現得非常活潑天真吧，如果你真的收集了你這個行業的全世界知名品牌商標，必須要知名的，台灣前三名的，因為這些商標已經歷經多年的淬煉，商標的設計品質有一定的水準，保證一看你就頓悟了。

你自己也要做作業了！開始上網收集你這行業的知名商標，依表現形式分別放置。

表現形式	商標一	商標二	商標三	商標四	模仿前四個商標的表現形式，自己學著設計自己的商標
只有文字					
只有圖案					
文字加圖案					
圓形圖案文字在中間					
文字當中某部分是圖案					
其他的表現形式					

你也可以利用網際網路思考商標設計，例如你想要設計汽車修護中心、玩具、SPA等商標，只要在Google搜尋引擎打上「auto logo」、「toy logo」、「spa logo」，按圖片，馬上就秀出一大堆這個行業的商標，你會發現到每一個行業的設計大方向，餐廳和音響品牌所傳達的理念或特色一定不同，消費者對於該行業的商標設計也有一定的期待與想像，你也不能偏離太遠，從簡單的特定行業logo搜尋也可輕鬆獲取龐大的參考資料。

千萬不要自己悶著頭躲在自己的腦中世界去畫一個和世界脈動不相符的商標設計。

依公司的經營實務，你可以想像得到，要通過一個商標的設計總要過好幾關吧，審查討論再討論，最終定案再經過經銷商及消費者的檢驗，你輕鬆地將別人苦心調查該行業的商標表現風格與設計的成果下載，同時還可分類研究，馬上就知道這個行業商標設計必須要的色彩搭配與設計元素。

再根據這樣的表現形式，試著套入自己商標名稱，每個形式都可以先設計實驗看看，你馬上就可以創造出「感覺和知名品牌差不多」的商標，消費者一看到這樣有質感的商標，下意識會認為你的產品應該也是有品質，而且是一個知名的企業。

這個方法估名為「借力使力設計法」吧！

一、品牌定位與價值主張

你的品牌定位是什麼？這要對應到你在這個市場的競爭情況，要找到和競爭品牌具有差異性的定位；你想要塑造什麼樣的品牌個性，這不僅要對應競爭品牌，也要對應到目標消費者，要想辦法讓你的目標消費者喜歡上你的品牌，進而信任你塑造的品牌；你應該需要品牌故事吧，這也要對應你的目標消費者，他們會聽信你什麼樣的品牌故事，進而對於你的品牌有好感。

假設你的品牌存在著某種感覺，你覺得應該是什麼感覺？那，就要求你的設計師將那個感覺畫出來吧！特別強調，決大多數的老闆都不是設計科系畢業，卻很喜歡自己畫商標，就是設計科系畢業的老闆也強烈不建議自己設計商標，因為經營事業必須客觀，如果商標是自己設計，真的無法聽進別人任何一句中肯的建言。

以下列出一些形容詞，你參考一下，你的品牌想要創造出什麼感覺？

無畏、激進、詩意、膽識、堅定、動感、仁慈、人性、不凡、純粹、講理、叛逆、耐用、決心、勇敢、冒險、個性、聳動、狂野、正統、氣魄、創新、熱情、科技、聰明、真理、希望、獨立、果敢、優雅、力量、田園、性感、關愛、信賴、好奇、積極、喜悅、趣味、感官、冷靜、智慧、未來感、有遠見、非正統、夢想者、精神的、不服從、出乎意料、溫文儒雅、酷......

以上是創造品牌感覺的入徑之一，提供參考。

另外，你也可以檢視你自身的優勢，請審查所有生產至行銷的供應鏈，你在哪一個環節擁有優勢的地位，有一家火鍋餐廳大家都去吃他們的海鮮鍋，因為老闆本身就是某漁港的海鮮大批發商，所以大家都知道這家火鍋店的海鮮最新鮮。

你要和競爭者他們已經定位當中找到差異性，這樣消費者才能記得住你的品牌，行銷大師科特勒（Philip Kotler）將定位策略歸納為以下八類：

1.屬性定位：七喜‧非可樂。

2.利益定位：殺菌光冷氣，細菌殺光光。

3.使用定位：安全汽車、空間大的汽車。

4.使用者定位：高階人士專用汽車。

5.競爭者定位：普騰（Sorry! Sony）。

6.商品類別定位：智慧型手機、七人座房車。

7.品質定位：LEXUS追求完美‧近乎苛求。

8.價格定位：每件39元低價商店、高價餐廳。

以這樣的切入方式應該也可以找到你品牌的定位，所以，一個簡單的品牌，卻包含有一大堆的工作要做，當你懂得操作品牌的相關知識越多，你所塑造的品牌與消費者溝通的效率才會提升。

你還要自己審問，你為什麼要創造這個品牌？你希望能夠達到什麼目的？這個簡單的對話與問題就是要讓你審視目標消費者了解你多少？

這是一個重要且核心的要素，它可以感動你的目標消費者，它可以形成你的忠誠消費者群聚，只要你講得很清楚，並且獲得認同。

某音響品牌會強調技術研究、某食品品牌會強調新鮮、某汽車品牌會強調品質管制，這個品牌的價值主張就好像是一個人對於人生的堅持與態度，你要透過任何的品牌接觸點，就是你的目標消費者接觸到你的品牌的機會，透過圖像與設計、簡單的文字（例如Slogan）等，清楚地傳達出去，以加深你的目標消費者對你這個品牌的信任感，進而成為你的忠誠消費者。

二、品牌接觸點與企業形象識別系統

到底消費者是如何看到你精心設計的品牌？在哪裡看到，那麼，你就應該以非常謹慎的態度去鋪陳與設計它。我以前曾經服務一家公司，設計總監對於給客戶的邀請卡文字改了九遍，改到我所屬的文案人員差點罷工，我提醒她是剛來公司上班，也藉此機會磨練出適合公司形象與筆調的文案；反過來說，這家公司對外的文宣都是經過細心處理的，因此，消費者對公司的印象都趨於一致。

品牌接觸點

每個接觸點都是增加品牌知名度及建立消費者忠誠度的機會。

社群媒體、部落格、公共關係、直銷、貿易展、口碑、電話、關係網路、簡報、演講、員工、產品、服務、車輛、品牌限時活動、廣告牌、名片、公司信紙、提案、網頁橫幅、出版品、語音信箱、電子信件、陳列品、包裝、招牌、商業表格、電子報、網站、經驗、環境、廣告、促銷……

消費者買東西不會因為認識董事長才買，消費者認識公司產品的感覺，都是依靠以上這些品牌接觸點，這些接觸點絕大多數都要花錢去購買啊，所以你更應該小心謹慎地去處理每一個有機會接觸到消費者的「點」。

和品牌接觸點的觀念類似的就是CIS（Corporate Identity System）企業識別系統，透過整體的系統規劃，向消費者昭示一個企業的經營理念、精神內涵、產品功能或服務特色的視覺溝通與傳達工具，這個CIS可以細分為三大體系：理念識別（Mind Identity）、視覺識別（Visual Identity）、行為識別（Behavior Identity）。

理念識別（MI）意指向消費者傳達企業經營基本信念與原動力，包括價值觀、經營信條、精神標語、企業文化、企業使命、經營哲學與方針策略、願景等。

視覺識別（VI）則展開和傳達其決策主張，建立完整的企業識別系統，視覺設計開發則包括品牌名、標誌、圖像系統（象徵圖形或吉祥物），行銷傳播、宣傳、促銷活動、銷售策略擴張等。

行為識別（BI）可分為活動識別和行為識別，需要執行教育訓練工作，諸如服務態度、應對技巧、電話禮貌、工作精神等；以及管理工作，例如環境、職工福利、研發等；再加上推廣活動化，例如調查、推廣、公關、促銷、公益事件、贊助活動等，以贏得社會大眾認同。

整體的企業識別系統在於讓消費者「望一眼即知」，讓企業形象到任何地點都可以獲得一致性的品牌認知。

如果你看了以下CIS的細節規畫，你應該馬上明白CIS與品牌接觸點幾乎完全一樣，就是希望能夠將品牌的價值主張充分地和消費者溝通，一份完整的CIS手冊應該包含的項目如下：

1.前言——CEO的話、企業的使命及價值、企業的主張、企業品牌的涵義、品牌識別的任務與角色、本手冊使用指南

2.品牌識別元素——品牌標誌、商標字體、標語、名稱、如何避免不當使用品牌識別元素

3.命名——法定名稱、口語名稱（如果有的話）、產品及服務、商標

4.顏色——品牌顏色系統、輔助顏色系統、品牌識別標誌顏色選項、如何避免不當使用顏色

5.品牌識別標誌——企業品牌識別標誌、品牌識別標誌各種變化規範、如何避免不當使用品牌識別標誌、子公司識別標誌、產品識別標誌與應用方式、品牌識別標誌及品牌標語、如何避免不當使用品牌標語、品牌識別標誌的字體間距與位置規範、品牌識別標誌的大小規範

6.字體設計——字體、輔助字體、特殊用途字體、在文書處

理時使用的字體

7.行銷溝通工具——企業信紙、文件、部門信紙、信封、名片、記事本、新聞稿、邀請函

8.數位媒體——網站網頁設計、部落格FB和LINE等社群網站、網站結構、網站格式、介面、內容、顏色、字體、圖像、音效

9.行銷素材——聲調、影像格式、品牌標誌在版面位置、文件夾、封面、文件標頭、產品文件、直效行銷郵件、電子報、海報、明信片、收據、採購訂單、貨運清單

10.廣告——廣告用的品牌識別標誌、標語使用原則、在廣告上面放置識別標誌的位置、字體、電視廣告組合、廣播廣告的聲音規範

11.展覽品——貿易商展攤位、公司橫幅設計、產品陳列方式、姓名掛牌

12.簡報及提案——直式封面、橫式封面、透明封面、內部組合規範、Powerpoint簡報範本、Powerpoint背景及插圖

13.交通工具識別——貨車、汽車、巴士

14.招牌——招牌設計規範、企業內部招牌、顏色、字體、材料及招牌表面塗裝規範、燈光照明考量、公司旗幟

15.制服——冬季制服、春秋季制服、夏季制服、雨衣及工作服裝備

16.包裝——法令規範考量、環保考量、包裝大小、包裝組合規範、包裝上的品牌識別標誌位置大小規範、標籤、盒子、袋子、紙箱

17.圖庫——照片圖庫、圖畫圖庫

18.週邊設計品——高爾夫球衫、帽子、領帶、公事包、原子筆、雨傘、馬克杯、徽章、圍巾、滑鼠墊、備忘貼紙、股東紀念品、客戶禮品

19.重製檔案——商標、品牌識別標誌變化、全彩背景應用、單色背景應用、黑色背景應用、白色背景應用、PC平台使用、Mac平台使用

20.其他——諮詢窗口、問答集、批准流程、法令資訊、訂購資訊

21.準備樣本——光面塗佈紙色卡、非塗佈紙色卡、其他特殊紙

以上的參考範例，你只要在google打「CIS」，按「圖片」，就可以出現一堆企業識別系統的案例了，網路時代蒐集資料比古代快又有效多了。

光是企業形象組成要素的規畫，除了上述的1.理念識別（Mind Identity），簡稱M.I.、2.視覺識別（Visual Identity），簡稱V.I.、3.行為識別（Behavior Identity），簡稱B.I.之外，還發展了以下四個識別系統：4.視覺展現（Visual Presentation），簡稱V.P.、5.零售點識別（Retail Identity），簡稱R.I.、6.店面識別（Store Identity），簡稱S.I.、以及7.經銷商識別（Dealer Identity），簡稱D.I.。你需要了解這麼多嗎？說實在的，不太需要，你只要知道整個品牌操作要有一致性的感覺，讓消費者一看到你的品牌就「望一眼即知」（我個人講CIS的最終註解），當你管理這個企業有這樣的理念，有這樣的判斷力，你的設計師再怎麼設計，都不會逃出你的掌控的。

這些企業識別系統相關的製作物雖然很繁雜，做起來費時費

力，但是卻是和消費者直接接觸的一級戰線，消費者憑什麼買你的產品，他們不會認識你，或公司任何一位員工，你賣產品的對象是不特定第三人，你也不認識他們。

消費者憑藉的，就是你設計的那些產品外觀訴求與相關廣告製作物等，或許再加上環境氣氛的塑造等，就是這一大堆的製作物影響著消費者的購買意願與決定。

然而，在製作這些企業識別系統物件之前，你的價值主張是什麼？你的核心競爭力是什麼？主要的中心思想要先確定，如果沒有這樣的清楚理念，你很可能只是弄一個看起來很漂亮的形象設計而已，表面華麗而無法感動人。

★★★

成功創業小提醒

①命名一個好記好唸的品牌名稱，設計適切的商標圖樣，成功一大半。

②記得先去申請商標登記，一年後取得商標證書才開始營業。

③商標設計，加上適切的標語說明，務求將品牌定位與價值主張表現出來。

④只要是消費者會看到你的品牌的所有接觸點，都要設計週全而完整。

賣場

不同產品屬性各有通路的規畫，高質感高價位的商品如果放在「格子趣」等年輕人經常逛的商店賣，一件也賣不掉；每位去逛高級百貨公司的消費者都很精明，一些質感差的商品是無法生存的。

你的產品的目標消費者是誰？多集中在哪一族群？他們經常在哪裡出沒？你的通路目標就在那裡，有時候可能是俱樂部、各景點的民宿、各復健中心或販售設備的商店、或是坐月子中心等，通路的規畫不限於網路與大賣場，其決定通路的關鍵考量點在於你的目標消費者的活動處所，甚至廣告宣傳的媒體設定也是以目標消費者經常看或逛的網站或處所為優先考量。

一、通路提案

幾乎任何一個通路，當你循線找到採購承辦人，當你很興奮而熱情地向他（或她）介紹你的產品的同時，承辦人就會有一點冷冷地回應你的話，因為他們每天接太多這類的廠商電話，「請你先寄產品企劃書過來，謝謝！」他們要先書面審核，甚至不歡迎寄樣品，因為辦公室會堆滿很多樣品，所以大多要求書面審核。

產品企劃書更顯得重要了！

重點在於差異化，你開發的產品品類市場上應該都齊備了，為什麼賣場還要進你的貨？你的產品和他牌產品有哪些差異化的特色，是因為進口全世界知名品牌？是因為使用效果比所有產品更好？是因為設計新穎而且有專利？是因為產品功能剛好切合某消費者的需求？是因為配方或製程改良使得產品的品質和價格更具有優勢？

你要很清楚地表現出你產品的「差異化特色」，企劃書不求很多頁，有時候一頁就夠了，只要你能夠吸引承辦人的注意，想辦法在第一頁就清楚地以圖表圖像表格等方式，突顯自己的優勢，比較他人的劣勢。

最好在企劃書的前一、兩頁就全部將重點寫清楚，後面就是放佐證的資料，例如商標、專利證書、測試報告、人體實驗報告、媒體報導等，這時候就越多越好，看起來你的產品真的是一個「又好又便宜又有競爭力」值得在本賣場銷售的商品。

產品企劃書是第一擊，是通路行銷最重要的文件，你必須花70%的時間去琢磨這份資料，務必讓賣場的採購承辦人願意進一步和你當面談，看你的產品，討論你的進貨價。

至於產品企劃書有沒有標準範本，你去搜尋網路可以看到一堆，但是我覺得沒有效果，因為所謂的範本就是制式的規範，既然是標準的規範看起來一定很無聊，就好像寫自傳從小學開始寫起是一樣的。

心中只要想著如何表現出，你的產品和其他競爭對手有哪個地方不一樣，就從這個思考的核心慢慢地拓展，有時候畫一個長條圖就可以表明你的優勢，有時候給一張台灣經銷總代理證書就夠了，有時候拿出國外權威媒體的報導也行，表現的形式不要拘泥於制式的規範。

從承辦人的立場來看也是一樣，他們每天接觸多少份申請新產品上架的企劃書，幾乎千篇一律，要讀一大段文字才開始知道產品的優點，如果他們能夠在第一、二頁就清楚知道你你的產品優勢性，以及與他牌的差異，編排適切地表達你的想法，這樣印象就很深了啊！你想要的就是這樣的結果啊！

以下就是我向某連鎖藥妝店提出的產品企劃書，只有一頁。

產品名稱：×××乾式洗澡清潔液
成分：本產品成分已獲得衛生署FDA器字第0990047171號函核定得以一般化妝品管理。
容量：500ml
包裝：白色PE圓形瓶子，高21公分，直徑6.2公分，收縮膜包裝，無外盒。
廣告審查：已獲得衛署粧廣字第9909194號核可。
用途：清潔皮膚。
目標消費者：長期照護、行動不便者、自助旅行、露營、停水、小孩臨時弄髒全身。
特色：5分鐘在床上可清潔全身；如果再以濕毛巾再擦一遍，全身舒爽一整天。
使用之利益：根據實際的照護經驗，從床上扶長者到浴室洗澡，來回要花30分鐘，耗費人力與時間甚鉅，現在使用「乾式洗澡」只要5分鐘，在床上清潔全身，輕鬆容易！
建議市場售價：新台幣×××元。（含稅）
建議廠價：新台幣×××元。（含稅）

消費者使用成本：根據實際使用情況，每乾洗一次全身約用掉8-10ml，一瓶約可使用50-62次，每次的使用成本約5-6元，消費者可以接受這樣的成本。

總經銷：××××有限公司　統一編號：××××××××
負責人：×××　0928-××××××　××××××××@ms4.hinet.net
地址：33850桃園××××××××××××××××
工廠：××××××有限公司
地址：台北×××××××××××××

幾乎每一個人都會迷思在企劃書上面，有時候是因為對於文字的恐懼感，要組織一些文字對於某些人的確有難處，那就請人代勞啊！我遇過最多問題的是有沒有企劃書的範本，問話的人總以為有了範本照抄即是，請你看光是企劃書就有以下這麼多種！

經營（策略）企劃案	1.銀行貸款營運計畫書企劃案、2.國內增資營運計畫書企劃案、3.海外募資營運計畫書企劃案、4.集團發展策略規劃企劃案、5.新事業進入評估企劃案、6.產業分析及調查研究企劃案、7.集團資源整合運用企劃案、8.董事長演講稿、記者專訪答覆稿企劃案、9.全球佈局策略規劃企劃案、10.國內外策略聯盟合作企劃案、11.對外重要簡報企劃案、12.公開年報撰寫企劃
業務企劃案	1.業績競賽與獎金企劃案、2.業務人員培訓企劃案、3.業務組織調整企劃案、4.電話行銷企劃案、5.提升業績企劃案、6.國外參展企劃案、7.業務通路強化企劃案
財務企劃案	1.國內外上市上櫃企劃案、2.銀行聯貸企劃案、3.海外募資企劃案、4.國內發行公司債企劃案、5.國內外私募增資企劃案、6.國內外公開增資企劃案、7.不動產證券化財務企劃案、8.改善財務結構企劃案、9.新年度預算企劃案、10.當年度損益結果分析企劃案
投資企劃案	1.國內外財經轉投資企劃案、2.國內外經營轉投資企劃案、3.國內外合併企劃案、4.國內外收購企劃案、5.閒置資金投資企劃案、6.轉投資效益定期分析案
行銷企劃案	1.新產品上市企劃案、2.廣告企劃案、3.促銷企劃案、4.價格調整企劃案、5.通路調整企劃案、6.提升顧客滿意度企劃案、7.公共媒體關係企劃案、8.企業形象與品牌形象企劃案、

	9.市場調查企劃案、10.服務體系改善企劃案、11.產品改善企劃案、12.包裝改善企劃案、13.記者會、產品發表會、法人公開說明會企劃案、14.事件行銷活動企劃案
組織與人力資源企劃案	1.組織結構調整企劃案、2.主管儲備培訓企劃案、3.績效考核企劃案、4.技術人員培訓企劃案、5.人力產值成長企劃案
研發企劃案	1.新產品研發企劃案、2.品質改善研發案、3.關鍵技術研發企劃案、4.生產技術改善企劃案、5.技術授權合作企劃案
生產企劃案	1.良率提升企劃案、2.製程效率提升企劃案、3.品管圈活動企劃案、4.生產自動化企劃案、5.零庫存企劃案、6.降低採購成本企劃案、7.ISO認購推動企劃案、8.生產績效分析企劃案
管理企劃案	1.作業流程精簡企劃案、2.降低管銷費用企劃案、3.企業文化再造企劃案、4.制度規章革新企劃案、5.員工提案獎勵企劃案
法規企劃案	1.離職人員競業禁止企劃案、2.公司機密檔案保密法規企劃案、3.智產權保護企劃案、4.產業法令修改建議企劃案、5.消費者權益保障企劃案、6.呆帳追蹤處理企劃案、7.全球商標登記企劃案
資訊企劃案	1.建置POS（銷售時點資訊系統）企劃案、2.建置B2B（企業對企業）資訊企劃案、3.建置CRM資訊企劃案、4.建置B2C（消費者）購物網站企劃案、5.建置B2E（員工）資訊企劃案

每一種都花一小時看完範本，以每天工作八小時計，你至少要花十天以上才能夠讀完！而且還不一定都了解與消化完畢。

所以，重點不在於企劃書的格式與範本，請你靜下心來思考，為什麼要有企劃書，就是拿來「說服」別人的啊，有時候，甚至要創造雙贏，你高興對方滿意，就成交了。

所以，你要說服別人的重點在哪裡？對方最在意的是哪一點？只要滿足他，就OK。

重點放在前面，他一開始就覺得滿意，接下來一一補充，以支持你的論點或是鞏固對方的觀點；有時候看情況要把「最重要的致命一擊」放在中間或後面，這就好像是到最後再送他一個甜點，讓他感到非常高興。

每個人從事的行業不同，遇到的客戶與市場情況不同，提案的內容也不一樣，隨時都在臨機應變，範本有用嗎？掌握企劃書的說服重點才是最基本的道理。

二、電子發票與運輸物流

當你已經被通路接受，可能是很痛苦的接受，因為通路採購人員一下子就把你建議的市場售價腰砍一半，當作你的進貨價格。這很無奈，但是只能接受，因為這已經是常態，易地而處，通路本身也有經營的壓力。

但是你的挑戰不止於此，有時候賣場通路會委由物流公司送貨，也就是說，當賣場向你下訂單，他們會請你送到指定的物流公司倉庫，你送貨過去的運費當然是你付，但是物流公司送到各賣場的運費，有時候也要你付喔！

不公平吧？你要先預留這一筆物流運送的成本，否則，萬一你少算這一筆，直接報一個「很甜美」的廠價給賣場，到時候多出這一筆物流費用，剛好就是你辛苦談進通路的利潤，白忙一場。

和賣場談價格要多留一些價格空間，因為有一些無法拒絕的週年慶促銷優惠、賣場產品型錄的廣告，甚至賣場外面的廣告招牌等，只要點到你，你是拒絕還是接受？

現在大部分的賣場大多使用電子發票，所以你公司必須到財政部電子發票整合平台去辦理登記，取得憑證，以後開電子發票的時候，將憑證卡片插入讀卡機，就可以執行線上發票作業，每兩個月也要記得回報財政部電子發票的開立張數，看起來是很方便。

只是有一點不太方便，就是賣場如果月結九十天，他們不寄給你支票（你無法去貼現），時間一到就匯款至你的帳戶，這等於是資金就凍結了九十天，你的財務規劃更要周延才行。

三、陳列設計

有一個知名超市經常是我請學生去觀摩並做作業的地方，因為他們很用心，擺放生鮮蔬菜的位置，為什麼那些蔬菜看起來那麼翠綠，這可能是整個環境的鋪陳都使用黑色產生對比效果吧？為什麼魚放在冰櫃裡看起來就很新鮮，但是一拿出來卻感覺不對，嗯，那是在燈光做手腳啦！

好的產品陳列設計可以創造品牌策略想要達到的印象與氛圍，你去看巴黎各商店的櫥窗設計即知，沒有去過巴黎，只要在google打上「巴黎 櫥窗設計」再按圖片也可看到一堆「神乎其技」的絕妙櫥窗設計。

所以法國有句諺語：「即使是水果蔬菜，也要像靜物寫生畫一樣進行陳列，因為商品的美感能夠撩起消費者的購買欲望。」我們必須要讓產品會講話，適當的櫥窗設計或是賣場陳列設計，產品講話的力道與精準度更強。當你去逛生活工場，其簡約的櫥窗展現到入口，善用配色美學和燈光營造氛圍，使陳櫃的商品豐富而賞心悅目。而誠品書店雖然是以書為主題的生活文化空間，但是他們也建構了一個開拓生活視野的知識博物館風格。

「簡易」是賣場陳列的不二法則，消費者進入賣場大部分已經心有定見，習慣性的購買哪些商品儼然已經定型，這時候要攻入或改變他們的認知，需要簡單易懂的提示與重複的刺激，因此除了產品本身的包裝設計要簡潔易視之外，旁邊輔助的POP也要簡單易讀，因此要注意：

1.直接表現出產品的本質，每個產品與行業都有刻板印象，洗衣粉和巧克力的「本質」就完全不同。

2.直接傳達產品的優勢與特色，要讓消費者在短時間內馬上認識你的產品。

3.簡單而易取的陳列，減少消費者煩心於拿取產品的時間上。

4.多花巧思在陳列上，使產品表現得很豐富，也可考慮使用小型LED螢幕直接表現產品的特色與使用法。

5.不要讓陳列效果落於單調無聊，消費者印象不強，購買力就弱。

6.留意燈光照明以及音響效果，特別是燈光可否適度加上適切的色彩，使產品看起來更鮮活生動？或是更溫暖，時尚，柔和？

7.慎選陳列的道具，不僅要適當地搭配產品，道具本身材質也要留意，不要挑選品質太差的材料。

8.檢查整體的色彩與藝術表現的搭配效果，是否與其他競爭品牌有差異化，顯眼的色彩與藝術效果可以多吸引消費者的目光。

9.盡量多運用五感，視覺、觸覺、嗅覺、聽覺、味覺，如果多能用上是最好。

10.思考主題性或故事性的陳列方式。

★★★

成功創業小提醒

①製作一份簡潔而有力的產品企劃書，是敲開賣場採購的第一道重要的門。

②企劃書格式都相同，邏輯順序大同小異，重點在於你產品的創意亮點。

③向賣場報價要謹慎，要保留一些突襲性的成本，例如物流、週年慶、DM 贊助等費用支出。

④賣場陳列要多花心思，務求消費者一看就喜歡，或是輕易辨識產品。

廣告

廣告，是一個大家都覺得很簡單，其實很難的專業知識。廣告，也是最容易讓別人誤解的行業。廣告人，也是最無奈的一群，因為客戶不會感激他們熬夜討論開發的創意，甚至不給「創意」的費用。

一般人對於廣告實在是不了解，隨口講廣告是騙人的，但是廣告實在不能騙人，因為會遭受到廣告不實的罰款，廣告頂多就是講優點不講缺點，而且使用創意將優點做適度誇大加深印象而已。

廣告專不專業？當然是專業！

試想，一個30秒的廣告片，能夠講多少個字？按一秒鐘講3個字計算，至多只能講90個字，但是前面出場要醞釀，中間也要轉折，後面還有品牌畫面秀出，大致上30秒的廣告我大多只能寫72個字。

這72個字的文案加上場景畫面的鋪陳，就要說服消費者買你的車子、洗衣機、刮鬍刀、旅遊景點等等，你要怎麼寫？怎麼架構這個說服的順序？又是根據什麼理由或理論寫的，預估會有促購效果？合乎公司現有的廣告策略嗎？公司的策略又是基於哪些理由訂定的？

廣告人真的很可憐，自己讀了一大堆廣告理論與實務經驗，為客戶擬定有效的廣告策略，拍攝廣告影片，除了廣告製作和媒體發放有錢賺以外，那些耗盡心力發想與討論時間的費用，幾乎無法拿到，或是連一聲謝謝也沒有聽過。

大企業如此，但是微型企業的難處不太一樣，因為資金有限，微型創業者幾乎沒有多餘的費用聘請廣告專業人員為他們策劃有效的廣告，大多是靠自己的「天賦」去設想。

但是在行銷的環節中，廣告與促銷是必要的行為，沒有廣告消費者就不知道有你的存在，沒有促銷消費者有點失去了搶購的動機；所以，你自己再怎麼不熟悉廣告，卻不能忽略它，這一章節請仔細看，認真思考，其實，只要懂得重點和訣竅，你也可以無師自通的。

要寫複雜的話很簡單，要寫簡單的話很困難，我知道你的產品有很多的優點，你可以毫不猶豫地講一大堆，但是你的目標消費者只想聽你前面的十五秒鐘而已，有時候甚至更少，因為大家都沒有耐心聽對方講話。怎麼辦？先挑出所有優點當中，優先順序排名第一的優點，而且這個優點剛好就是你目標消費者需要的。

簡單的話，清楚的視覺，Single Minded，先講求吸引消費者的目光，當你可以留住消費者的注意力，他才會有興趣接著看你寫的詳細文案。千萬不要一次給很多訊息，消費者寧可選擇離開，不會花心思在你產品上面的。

曾經有車子訴求「寧靜」，和名車一樣寧靜，這個簡單的訴求就讓該車大賣，因為「寧靜」的背後是一大堆科技配合的結果，可見簡單訴求的重要性。

廣告最終還是要出新招，促銷是必然的活動，你不僅要讓消費者耳目一新，記憶度高，而且心動指數爆表，促銷的新招真的很難想，有時候創意只是在會議討論的一句玩笑話，但是我們總不能等待奇蹟的發生吧。

不會寫廣告標語或文案嗎？抓不到重點嗎？每個人都知道「差異化」就是不知道應該如何著手進行。這裡提出一個非常簡單的三步驟，你就可以寫出一些具有特色的廣告文案了！

我還是再使用41個消費者利益，這也是我教學生的秘招之一，這樣就可以輕鬆解決廣告標語寫作，而且也能夠掌握到重點！

消費者想要的利益應該就是這些，你去一一檢視，按理，一個產品或服務不應該只有一個利益，請你至少挑出三個利益，然後檢查並討論出優先排序。

消費者利益		
1.可以賺更多錢	2.增加各種機會	3.擁有美的事物
4.可贈予他人	5.更加輕鬆	6.更為省時
7.節省金錢	8.節省能源	9.看起來更年輕
10.身材更好更健康	11.更有效率	12.更便利
13.更舒適	14.減少麻煩	15.可逃避或減少痛苦
16.逃避壓力	17.追求或跟上流行	18.追求刺激
19.可迎頭趕上別人	20.提升地位或優越感	21感覺很富裕
22.增加樂趣	23.讓自己高興	24.滿足花錢的衝動
25.讓生活更有條理	26.更有效溝通	27.可以和同儕競爭
28.及時獲得資訊	29.感覺很安全	30.保護家人
31.保護自己的聲譽	32.保護自己的財產	33.保護環境
34.可吸引異性	35.可換得友誼	36.希望更受歡迎
37.可表達愛意	38.得到他人讚美	39.滿足好奇心
40.滿足口腹之欲	41.可以留下一點什麼	

請你一步一步依照我的指示做。

第一步：請寫出上述41個消費者利益中，哪三個是你產品最主要的消費者利益，也就是說，消費者買了你的產品，可以獲得哪些利益？
1.
2.
3.

想像你面前有一位消費者，你正在向他推銷你的產品，你當然會講這些產品的優點，而且這些產品的特色剛好就是滿足消費者的需求啊！那麼，請將你想要講的話寫出來吧！

第二步：抄寫你挑選的消費者利益	第三步：寫出你想要向你面前的消費者介紹的話術（要對應消費者利益）
1.	
2.	
3.	

上述的話術很長，很多句，現在你要將這些話濃縮精簡，這一兩句話就是你產品的廣告文案，或是功能訴求，簡單有效而且有說服力。

再加以美化這些口語的推銷話術，使用換句話說，修辭，拿其他東西當作比喻等等，總之，寫出來的就是直接集中在那個消費者利益，讓你的買家一看到就知道你產品的特色，以及可以帶給他們什麼好處。

第四步：先將上述的長話術（第三步）濃縮精簡	第五步：美化這一兩句話（第四步），修辭，換句話說，或是拿其他事物比喻
1.	1.
2.	2.
3.	3.

只要你按照以上的五個步驟去做，你寫的廣告標語應該會明確地表達你產品的特色與優點，消費者應該看得懂，也會有起碼的心動；當然，接下來就是創意表達的問題，這一部分有時要靠廣告文案人員幫你忙，或是你自身就有這方面的天份，或是你剛好看到某廣告文案，小改一下也可以。以下列出明確而具有差異化特色的廣告標語，提供你參考。

1.喝一杯，等於吃了八片土司的維他命B群（早餐飲料）

2.讓你驚呼尖叫的輕盈鞋身（鞋子）

3.防止水和細菌入侵，又不黏答答（OK繃）

4.一週一次，澈底清除黑頭粉刺！（貼片）

5.強力吊衣夾宇宙級無敵終極版（吊衣夾）

6.活生生地到你胃裡作戰的BB77（優酪乳）

7.阻斷紫外線，整天保濕（護唇膏）

8.一杯可抵600克生鮮蔬菜（蔬菜汁）

9.超高速滑動，就是爽快（刮鬍刀）

10.知道老闆在想什麼，你就可以順利進行：（教導簡報的書籍）

11.讓鼻頭有柔潤的好觸感（面紙）
12.瞬間擊斃，無法逃離，無法抵抗！（殺蟑螂噴劑）
13.你的生命就坐在輪胎上（輪胎）
14.只要40天，讓多益超過800分的學習法
15.立體密合，隔絕花粉！（立體口罩）
16.不需要說明書，阿公也可以使用的手機（手機）

廣告標語很重要，因為放一個沒有任何促購效果的廣告一天，你的營業額就損失一天，而且消費者剛好經過或看到你的廣告，那個珍貴的「不期而遇」的機會，就在你無效的廣告標語放手了。

一、廣告實戰秘招

1.消費者對於紙張有特殊的情感，電子橫幅廣告只是瞬間即過幾乎視而不見，但是天然紙張的觸感，較重的磅數，或是特殊刀模裁切，壓模浮雕的處理等，都會增強消費者對你產品的認知。
2.要多花時間去找一些生動的圖片，或是捨得花錢去拍一些高質感的照片，它們可以重寫消費者的記憶，改為記住你的產品。
3.簡單的字體（千萬不要找複雜造型的字），簡單的標語，簡單的邏輯，就有效。
4.當消費者已經接觸到你產品了，這時候，你反而要使用複雜的字型、專有術語，稍微繁複的內容，以促使消費者更

認真看你產品的介紹，也更為信任你的專業。

5.嬰兒圖片、美女圖片都會吸引消費者的目光，善用它，但不是每次要使用它。

6.多利用照片，可以增加移情作用，消費者也更容易記住你的產品。

7.神奇的文字「免費！」、「全新！」永遠有效。

8.使用有用的形容詞，迅速抓住消費者的心。

（1）多用生動的文字：使用「現煎的」型容詞，比「新鮮的」好。

（2）多利用感官用詞：「胡桃木煙燻」、「磚窯火烤」讓消費者有感官體驗。

（3）使用精確的地理或其他文句：「野生阿拉斯加」鮭魚，看起來就生動新鮮。

（4）使用懷舊情感等文字：「陳年佛蒙特切達」起士，就有新英格蘭農夫的影像。

（5）加上一些知名的品牌，例如火鍋店提供某知名冰淇淋，某餐廳特別採用某沾醬。

9.故事可以吸引人注意，所以電影、電視劇永遠不會滅，因此說一段品牌故事很重要，沒有真實的故事就編撰一段吧！

10.讓消費者相信的人，一位值得信任的「別人」來介紹你產品的故事，效果更好。

二、促銷手法

廣告最終還是要出新招，促銷是必然的活動，你不僅要讓消費者耳目一新，記憶度高，而且心動指數爆表，促銷的新招真的很難想，有時候創意只是在會議討論的一句玩笑話，但是我們總不能等待奇蹟的發生吧。

我翻遍所有行銷書籍，整理出曾經使用的促銷手法，全部列出於下表所示，這應該不會是全部的「人類智慧」終點，應該是起點，希望你能夠在參考下列促銷手法之時，幫助你腦中閃出一道新招之光。

曾經使用的促銷手法參考		
免費試用	免費體驗	測試調查
定檢診斷服務	商品顧問	優惠券
折扣券	均一價	定期服務券
加量不加價	還原金	吃到飽
抽獎	隨貨贈送	特價活動
積點持續購買	介紹好友贈點數	舊換新
滿意保證	免費刊物	會員專屬

套裝優惠	特定資格銷售	獨家贈品
樣品	現金回饋	競賽
搭配促銷	指定產品促銷	故事性促銷
榜單排名促銷	清倉拍賣	季節性促銷
統一價格促銷	滿額贈禮促銷	節日促銷
高價只賣貴的（反促銷手法）	堅決不打折（反促銷手法）	唯一代理商絕無分號
主題式促銷	效果對比式促銷	新品促銷
公益性促銷	聯合促銷	

以下試舉幾個創意促銷，其用意無他，就是激發你的其他促銷的想法，凡事看別人，腦子想自己的案例，看看是否可以結合，或是加強自己產品的促銷動力，這樣的思維模式要慢慢地自我培養：

1. 日本Domino's Pizza推出深具創意的促銷「Amazing Coupon Festival」，只要消費者以下的條件「雙胞胎、綁著雙馬尾或是高二學生…」等，就可以享受免費外送到府的優惠，到時候只要證明身分或造型即可，而且產品還可以享有75折的優惠！
2. 1951年，日本遭遇大水患，絕大多數家庭的縫紉機都被浸泡無法使用。於是日本最暢銷的蛇目牌縫紉機隨即命各地經銷部門積極加班，免費幫全日本各家庭免費維護修理，以一個月的時間共修護840餘萬台，但其中蛇目牌產品只有35%。看似蛇目公司吃大虧，可是這是在消費者心中建立品牌形象的好時機，從此以後蛇目公司就獨步日本乃至全世界。

3.每當中元節檔期，量販業者大多展開加碼促銷，各業者有的追加上千個低價促銷商品，更提供24小時營業、免費配送、夜間贈禮多項好康。

4.結合是一個好點子，贈品和比賽都可以吸引消費者，也都是增加社群追蹤率的有效方式，如果這兩種結合在一起呢，ExtraTV在Tweeter（推特）上推出追蹤並轉推母親節促銷訊息就有機會得獎的活動，讓網友人數與曝光度同步大幅增加。

5.Seventh Generation在Facebook上提出了「媽媽給過你過哪些最棒的建議？」這個話題成功讓網友熱烈討論，點擊率快速增加，有助於未來公司推播訊息的點閱率。

6.日本東京有個銀座紳士西裝店，首創「打1折」活動，活動依序是第一天九折，以後每天降一折，有時候兩天同樣折扣，最後兩天打一折。剛開始宣傳和輿論傳播迅速，大家可能會想最後兩天才去買就好了，實際上是第一天來的客人不多，漸漸地越來越多，到了打六折的時候店內就爆滿，之後天天搶購，還沒有到打一折商品全部就賣光了。因為大家想要的商品，都知道不會拖到最後一天還放在貨架上。

★★★
成功創業小提醒

①簡單而有清楚訴求的廣告，是你要追求的目標。

②廣告最好一講出來就切中消費者的需求。

③消費者看到你的廣告用詞，最好腦中就有一些具體畫面的想像。

④短期適度的促銷，有創意的促銷，可增強消費者對品牌及產品的印象。

財務

創業，壓力其實很大，因為當你一進入任何市場，就要面對五個威脅。

1.你要進入這一行業的競爭對手，特別是他們都是經戰多年的老手，或是消費者心目中信任的品牌，你要一一扳倒他們，已經很辛苦了。

2.買方，客戶或消費者，因為他們都想要買更低的價格，會一直向你殺價。

3.賣方，你的上游廠商，因為他們會藉各種理由漲價，什麼石油漲價也牽拖，或是勞工法令修改也有理由漲價，一直在墊高你的成本。

4.新業者的加入，那就是以前的你，以前你貿然進入別人的市場，當你站穩一段時日之後，其他業者看到你好賺，也會想辦法進來分食你的市場。

5.替代品，新的產品出現，消費者馬上轉向，而且有時候速度快到還沒有回神，你建立的市場就不見了。

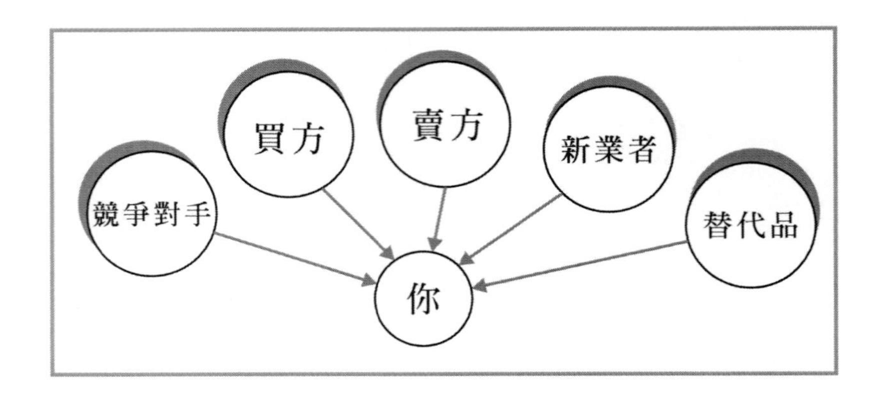

要創業，要應付以上的五個威脅，資金的重要性大於利潤，再說明白一些，準備多少錢可以周轉，比可以賺多少利潤來得重要。

雖說是微型創業沒有多少資金，但是相對於大企業，微型企業所需的資金也比較低啊！所以無論多麼微型，無論你強調多麼的資金不足，請不要在資金沒有備齊之前，就貿然決定要創業。

一個簡單的事實，消費者買你的產品，營業稅都5%都是內含，你要自行吸收，而你的上游供應商要提供給你原物料或是代工費用，絕大多數都是營業稅外加，你自己另外再支付一筆費用，這兩邊的「夾殺」，已經有5%（賣給消費者內含）+5%（供應商外加自己付），你的利潤不僅大幅地縮水。

再加上客戶給你月結九十天（常態），有些甚至給你半年（180天），不算倒閉收不到帳款和敵意競爭故意買貨利用七天鑑賞期惡意退貨等情況，這其間縱使你接到訂單，你有資金去買原物料嗎？你可以向員工商量三個月後再給薪資嗎？

財務報表很重要，但是很少人會想去了解，因為從小大家一聽到「數學」就頭痛，但是經營事業免不了要接觸到這些報表，否則你不知道現在還有多少錢可以花？你每個月到底有沒有賺錢？有時候帳面上看到很多錢，其實你是負債的！

為什麼要懂財務數字？因為每一個人懂的立場都不同，但是都要一定要懂。

企業老闆	◎清楚公司的營運狀況。 ◎了解資金調度、經營效率、股東權益等資訊。 ◎留意有無異常的資金流動，避免員工監守自盜。
主管、專業經理人	◎了解業績狀況。 ◎找出公司資產運用的最佳方式。 ◎思考未來的營運方向，提升經營效率。
企業員工	◎了解目前任職公司的體質如何。 ◎未來展望如何？今年業績好壞？有沒有機會分紅加薪？ ◎會不會有資遣員工或放無薪假的隱憂？亦可做為是否另尋出路的考量依據。
投資人	◎投資股票前一定要看這家公司的財務報表，了解它的經營績效、獲利能力，及資產配置等。 ◎仔細閱讀財務報表，可幫你避過地雷（股），挑選潛力十足、獲利穩定的賺錢企業。
債權人	◎若要借錢給某公司，當然得先看看這家公司的財務報表，了解他們的償還能力，評估借錢的目的為何，是為了擴廠還是為了週轉急用。

下圖是財務報表圖案化，希望這樣能夠讓你「靜下心來」了解整個事業的成本與利潤結構，你只要了解深藍色框框內的事情就好，因為右邊那些小利潤就交給記帳士或會計師處理就好了。

以營業總收入是100為單位來看，我們先檢查這個營業收入的項目是否一如你預期，扣掉購買產品材料及委外加工費用，就是公司的收入（毛利），這只是粗略地預估公司的利潤而已，因為這些成本每天進貨出單都看得到，而且受到環境影響也很大，容易估算而已。

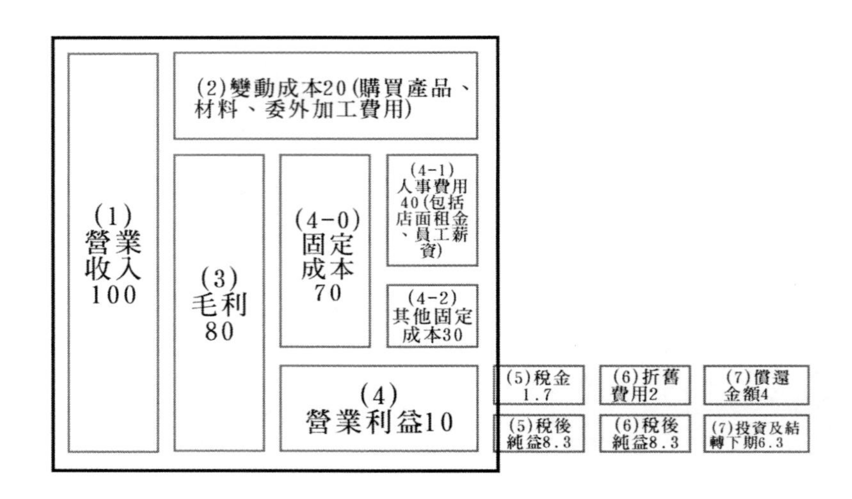

從公司的毛利中，還要扣除每月的固定成本，諸如人事費用，店面租金，以及其他固定成本，例如買一部機器要分攤數年，等於是每個月固定要支付一定的成本。扣除這些表面上不容易看見，每個月或一段時間才會固定支出的費用之後，才是你的營業利益。

所以，只要你的營業利益多到足以還每個月的貸款（下圖），你的財務當然沒有問題，例如股王大立光不只是獲利高，毛利率也高，公司財務體質穩定。所謂的量力而為也是如此，不要太超越你的償還能力，如果你的獲利情況沒有那麼好的話，一有風吹草動，很容易就會發生問題。

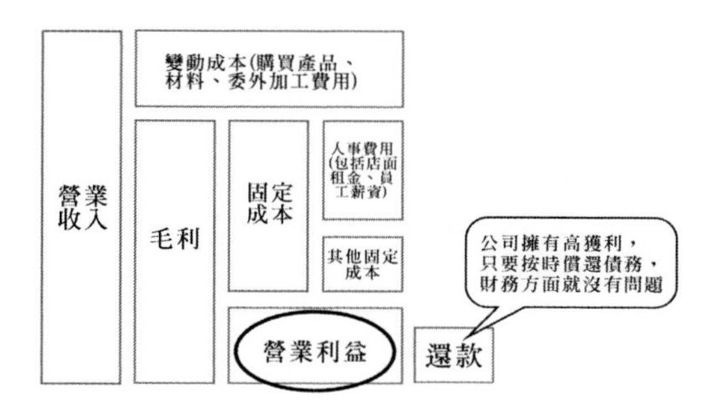

如果你每個月背負著龐大的債務壓力（下圖），公司即使有賺錢也無法付清債務，這個情況有時會發生在展店的速度過快的情況，當你所創立的事業或產品熱賣，你或許會有想開連鎖店的想法，以快速攻佔市場版圖；但是快速展店意味著資金膨脹擴張的問題，每個月光是要給銀行的本息（最好是只有銀行本息，you know）就高於營業利益，你的財務馬上就陷入困境。

這時候你當然要趕緊設法提升獲利率，延長廠商帳款的付款期間，加強產品研發以獲得消費者的青睞，或是想一個有效的促銷以快速提升銷售量，並且和債權人討論與重新檢討償還計畫等，讓你的資金壓力不致拖垮你的事業。

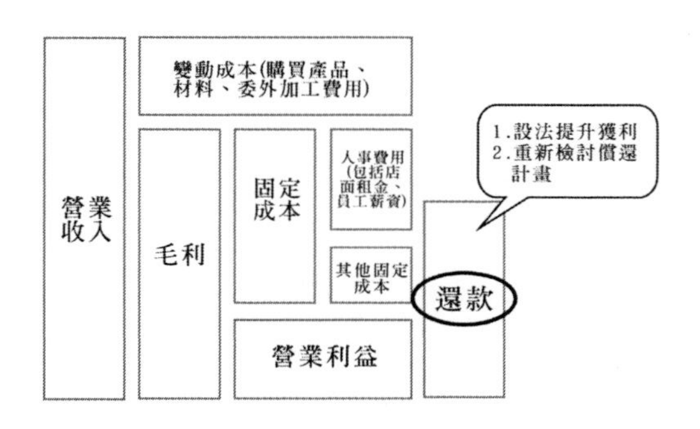

有時候，當你在檢討你為什麼虧損的時候，你可能會發現到，你的員工人數太多了，或是你給的薪資太高了！（下圖）養了一大堆冗員，或是因為行政效率的不彰，大家一直在重複地做不必要的工作，以致於無謂地增加人手，或是額外支付了加班費；或是你店面租金過高，全部吃掉了你賺到的利潤！

最近台北市東區的一級戰區購物圈就是這樣，房租節節升高，使得知名品牌的店面必須退居是巷內，或是更裡面的巷子，香港中環和上環也是一樣，以前在上環可以看到不顯眼的古董店，現在幾乎都不見了，眼前盡是裝潢得很典雅且販售名貴古董。

雖然中油多次調漲國內油價，但是根據監察委員調查後表示，中油的虧損其實是人事制度失當而導致人事成本過高所致。

可見財務報表分析的重要性，無論是賺錢或賠錢，都可以從中找到癥結點。

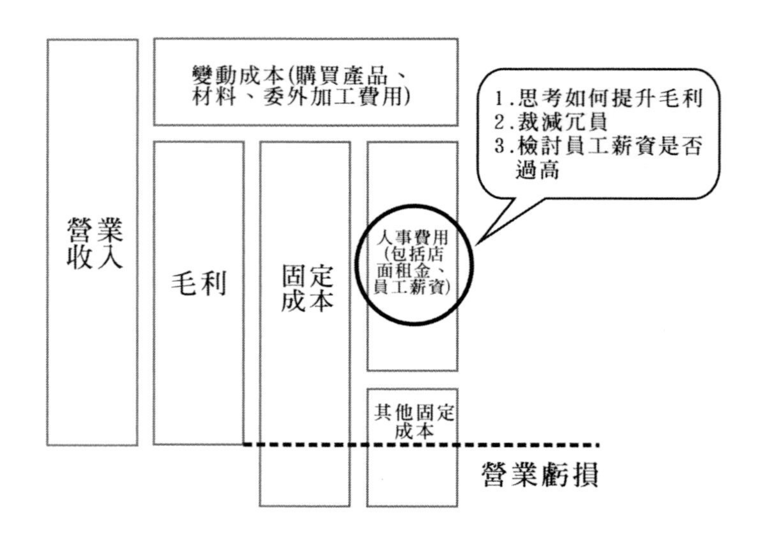

除了人事費用或店面租金過高之外，其他的固定成本也可能有飆高的情況（下圖），例如台灣高鐵當初花了將近新台幣5000億元興建，這個建造的成本光是還給銀行的利息就快要吃到營運後的利潤，換成是你的事業，你就必須要思考，當你要打造某個前所未有的盛大營業場地時，你所花費的固定成本，可否在未來的營業利益中順利償還？

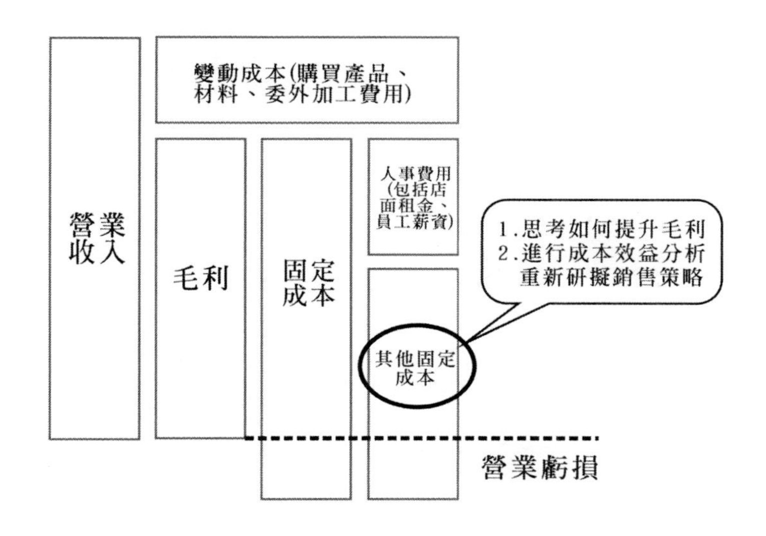

所以，如上述所言，「資金的重要性大於利潤」，因為你花了一大段時間，忙了一大堆都是很重要的瑣事，你甚至還沒有賺到錢呢！（下圖）

因為你為了開發與製造產品，必須先支付產品的製造費用，為了對目標消費者告知你的品牌和產品，你必須先支付廣告和促銷費用，可能是試用、試吃、打折等，這些都是付出，還沒有賺錢喔！為了營造適宜的購物環境，或是開拓客戶，你要支付業務及人事費用；甚者，當你將商品成功地銷售給客戶，你還沒有拿到錢呢，下個月結算，再給你60天或90天！這段期間的資金，你準備多少？

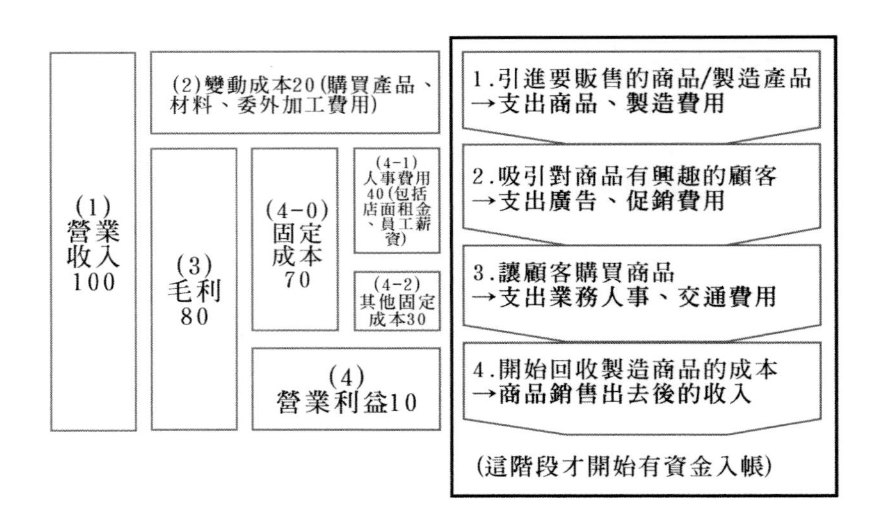

說實在的，要花錢，浪費錢，其實很容易，你只要做以下任何一項，你就可以達到浪費錢，而且把公司慢慢拖垮的地步了。

1.延遲送貨

2.不向客戶追帳

3.不給供應商賒帳

4.用現金馬上支付

5.為了折扣而採購了大量的原料

6.採購設備用現金支付

7.雇用效率不高的員工

8.養一些無事可做的員工

9.從來不看您簽的單據

10.從來不在公司的發貨單上簽字

11.讓小偷有機可乘

12.租用不必要、奢華的辦公地點

13.購買高額而不實用的保險

14.不和銀行經理建立良好關係

15.從來不做營運記錄，並與計畫比對

16.接了大訂單，是從結帳速度慢的客戶

我很希望你能夠根據以上十六條的描述，一一審視自己公司的情況，最好每一條都沒有發生過。

我自己是請記帳士幫忙申報營業稅的帳務，而自己的公司流水帳就使用Excel設定，馬上就知道業績及營運情況。

當然，你自己記帳也很好，一方面自己可以掌握財務全貌，二方面也可以節省一些費用，如果你想要自己記帳，其實只要三個簡單步驟：收集、記錄、檢查。（我自己是懶惰啦！）

1.善用科技，減少單純繁複的「收集」、「記錄」的工作時間，減少用紙。隨時隨地都可以操作。電腦速度要快，減少時間成本。

記得改用SSD固態硬碟當作C槽，開關機和處理速度快速，而且不會因移動筆電而有損壞資料之虞。（固態硬碟是一種以記憶體作為永久性記憶體的電腦儲存裝置。）

使用雙螢幕，可一邊瀏覽網站，一邊處理工作。（我是一邊工作，一邊看戲劇啦！）

全部重要文件掃描、數位化，隨時隨地可傳輸。

買某牌噴墨列印掃描複合機，可填充墨水不綁晶片。

使用雲端會計軟體，或使用Excel打完同步上雲端。

使用網路銀行查帳。（若謹慎，只開放查看，不開放轉匯功能）

可以使用記帳軟體，讓軟體自動幫你統計分析，你只需要每天輸入發票數字即可：（1）鼎新電腦→雲端商務→雲端帳簿；（2）記帳家Moneybook，兩個軟體任選，初期都免費，你看哪一個用得上手。

2.和客戶或廠商培養固定的往來方式，提供匯款單、匯款付款等。

3.簡化業務，不收現金、控制庫存、減少件數、少花固定費用等。

4.資料即使已上雲端，仍然需要準備一個光碟機備份。

5.了解哪些原始憑證可以申報？依《營利事業所得稅查核準則》分類項目：

（1）進貨：商品、原料及物料之購進成本，包括取得之代價及因取得並為適於營業上使用而支付之一切必要費用之統一發票、收據或其他憑證。（§37-59）

（2）薪資支出：支付員工之各項酬勞（包括臨時性員工）。如薪金、獎金、津貼、加班費等。憑證薪資印領清冊、加班記錄表。（§71）（需注意扣繳所得稅款之情形）

（3）租金支出：支付租用營業場所或辦公設備之費用（包括倉庫、門市部等）。憑證為統一發票、收據及租賃

合約書。（§72）（需注意扣繳所得稅款之情形）

（4）文具用品：購買筆、紙張…等文具支出。憑證為統一發票、收據。（§73）

（5）旅費支出：應提示相關證明與公司業務有關。如膳宿費、交通費等。憑證為出差旅費報告書（需出差人蓋章）、旅館、飯店、交通公司出具之統一發票、收據。（§74）

（6）運費支出：支付快遞費或貨運、輪船、航空公司、鐵路局等費用。憑證為統一發票、收據、托運單。（§75）

（7）郵電費用：購買郵票及公司使用之電話、電報費用。憑證為購買郵票證明、電信公司收據。（§76）

（8）修繕費用：公司業務車輛、辦公設備、辦公室水電設備及屋頂、牆壁、地板等維修。憑證為統一發票、收據。（§77、77-1）

（9）廣告費用：與公司業務有關之報章雜誌廣告、傳單、海報、贈送樣品、廣播、電視、彩牌等。憑證為統一發票、收據及廣告樣張。（§78）

（10）捐贈費用：對國防、政府（無限額規定）、對政黨、政治團體及擬參選人、教育、文化、公益、慈善機關或團體（有限額規定）之捐贈。憑證為受贈人出具之收據。（§79）

（11）交際費用：與客戶用餐、贈送花圈、花籃、盆景、禮品等支出。憑證為統一發票、收據。（有限額規定）（§80）

（12）水電瓦斯：營業地址（包括倉庫、門市部等）支付之水電費及瓦斯費。憑證為統一發票、收據。（§82）

（13）保險費用：支付勞健保費用、為員工投保之團體壽險、車輛、營業場所之保險等。憑證為統一發票、收據。（§83）

（14）研究發展：為研究新產品、改進生產技術等支付之費用。憑證為統一發票、收據。（§86）

（15）訓練費用：為培育受雇員工、辦理或指派參加與公司業務相關之訓練費用。憑證為統一發票、收據。（§86-1）

（16）稅捐：屬公司動產、不動產所支付之稅捐。憑證為完納後收據。（§90）

（17）燃料費用：汽機車加油及製造所耗之燃料油。憑證為統一發票、收據。（§93）

（18）利息費用：購置動產或不動產（屬公司名義）或為公司營業所需貸入款項而支付之利息。憑證為統一發票、收據。（§97）

（19）其他費用：凡一切與公司本業有關之支出。如：報費、公會費等。憑證為統一發票、收據。（§102）

6.簡單的動作，可以很省事，不心煩：

（1）收集。

（2）第二天一早（或每週固定時間）一邊分類收據，一邊輸入帳務軟體。

（3）分類保管收據。

7.看帳務，要仔細核對與比較前後期或去年同期

（1）找出其中的錯誤或異常數值，例如已經降低成本，但是支出並沒有預期減少；公司應該有賺不少錢，為何資金週轉還是很困難；以為沒有賺錢，但是財務報表顯示公司的盈餘卻增加收集等情況。

（2）數字有錯，經營異常的情況，例如毛利率下滑；費用增加（支出或成本增加）；營收減少等情況。

8.看帳務，思考四大重點：

（1）盈餘有增加嗎？

（2）還剩下多少錢？（最少預留三個月的資金）

（3）預計要繳多少稅金，先扣掉，才知道公司還可以動用多少現金。

（4）公司真的有賺錢嗎？（資金增加不代表公司賺錢，貸款所得即是）

9.財務報表，最重要的是資產負債表和損益表，你自己要想辦法去讀書，或是去上一堂一天就可以看懂財務報表的基礎課程。

一、資金募集

微型創業最大的痛處就是資金。

創櫃板對於微型創業而言是一個不錯的選擇，由證券櫃檯買賣中心以創意櫃檯的意涵設置的創櫃板，其定位就是提供具有創新、創意構想之非公開發行微型企業創業輔導籌資的機制，具有股權籌資的功能，但是不具備交易功能，採用差異化的管理模式

和統籌輔導的策略，以協助並扶植微型創新企業之成長茁壯。

未創業或創業一年之內，可申請青輔會的飛雁計畫，其設立之宗旨係協助女性有更好的機會參與經濟事務及創立自己的事業，協助女性提升創業知能並輔導創業。

勞委會有微型創業鳳凰計畫，其設立宗旨為提昇我國婦女及中高齡國民勞動參與率，建構創業友善環境，協助女性及中高齡國民發展微型企業，創造就業機會，提供創業陪伴服務及融資信用保證專案。

至於經濟部的創業家圓夢計畫，係協助與輔導有意創業者或成立3年內之新創事業主，針對創業上或經營上所面對之困境，提供專業諮詢輔導服務，透過舉辦多元支援性活動提升新創企業成功機會，以創造創業風潮來帶動社會經濟之發展，提升新創企業創意及科技化應用能力，創造多元就業機會與經濟發展。

另外網路上也有關於群眾募資的平台，你也可以提出吸引人的企劃案，徵求社會大眾的款項支持，你也會提供實質的回饋給贊助者。

以上創業輔導計畫及募資平台，請自行上網或去電查詢，本書不提供進一步的資訊，因為唯有自己有需求，有求知的動機與動能，你的事業才會長久，因為你用心。

★★★
成功創業小提醒

①週轉資金要備齊，否則無法應付購買下一批原料的資金缺口。

②隨時檢查財務報表，隨時發現經營問題。

③善用科技，以節省固定作業流程的時間，多花時間在經營管理的思考與調整上。

12
Chapter

新產品研發

最好的新產品創意來源就是各地知名的展覽會，這是我個人認為，但是也是台灣各中小企業老闆擷取新產品的主要場所，雖然我們無法做開路先鋒，但是我們可以根據別人的原創再進行改良，開發出更適合你目標消費者的新產品，這也是微型企業者能做的事，畢竟你們的研發資源嚴重不足。

另外，根據研究顯示，真正會刺激你產生創業或是新產品概念的人，大多是來自於「平常很少聯繫」（又稱為弱聯繫）的陌生人，那些點子只有38%是來自於家人和朋友（強聯繫），但是高達52%是來自與客戶和供應商等商業夥伴，其他比例是受到媒體或專家的啟發，因此，你要多和市場人士溝通連絡，有時候經常會冒出一些暢銷的新產品創意呢。

一、多重觀點發展新產品

1.從潛在客戶及消費者的觀點：有需求就有市場，所以主要的問題是你如何發掘消費者真正的需求，只要滿足需求，也是這個新產品最主要的訴求。當你在機場候機室等待登機的時候，看到游牧式上班族還在工作，你是否會去思考，可否生產一部「高效能筆記型電腦」，方便攜帶、省電、效率高做為主要訴求？當你看到躺在病床上等待開刀或醫療的病患，他們眼球能夠看到的景物只有單調的天花板，換成是你，你這時候會想要拿什麼東西用以排解無聊？

2.從仲介商的觀點：當你的仲介商或代理商，或是經銷商，他們最關心的就是你這個新產品是否具有市場吸引力與競爭力，能否為他們創造附加價值，有時候他們比你更急，因為他們當中間商就是要賺錢啊，而且他們與消費者互動的機會多，有時候也要多注意他們的創新想法。

3.從業務部門的觀點：說業務人員是消費者的代言人一點也不為過，他們每天必須和消費者接觸，也同時受到消費者的讚美或批評，無論是公司品牌形象、產品外觀及功能等，業務人員有些建議有時候還真是個金礦。

4.從研發人員的觀點：對於整體產業的發展，研發人員也是很熟悉的，也是研究競爭商品最透徹的人，所以研發人員對於新產品的敏感度及開發當然是公司的先鋒部隊，一定可以從他們身上聽取到有用的新產品概念。

5.從生產部門的觀點：所有產品的零件製造與組合，製造的可行性、品質與成本控制、產品生產的契合程度等，都是生產部門所關心的，由產品本身出發所建議的改善方向，也是新產品開發的主力來源。

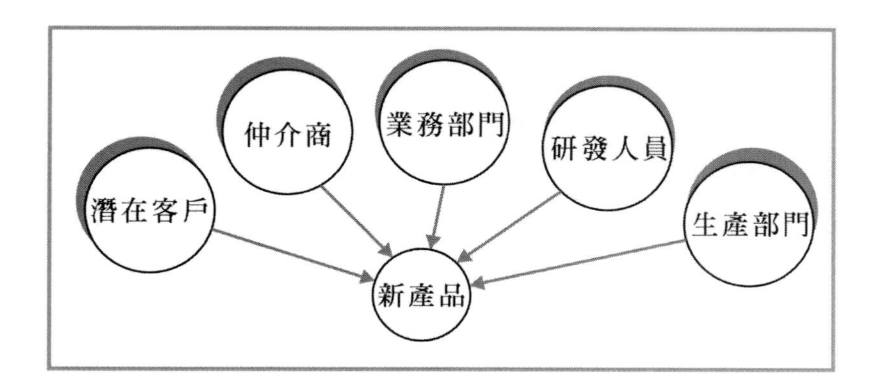

二、新產品開發的程序

由於新產品創意的來源非常多元，分由以上五個來源而產生，因此很難整理出用之四海而皆準的新產品開發程序，但依我個人的新產品開發經驗，再思索其中的開發瓶頸與問題，茲提出大概的七個程序，或稱為七個階段，希望能夠提供你參考，以減少嘗試錯誤的機會。

1.產生新產品創意：其產生的來源如前所述，唯根據科學儀器的創新行為中，有高達77%的創意來自於客戶的意見，至於工程車的創意則有94%是製造商提供的。因此任何一個可以接觸消費者機會的朋友，或是實際在操作該產品的朋友，要多細心傾聽他們的心聲，甚至是怨言。

2.創意篩選評估產生新產品概念：眾多創意全部湧上來，這時候需要的是根據公司品牌產品發展策略，所有研發和業務行銷的行為必須同步，這個發展策略是大家共同決議的，以此進行篩選評估，以確定待開發的新產品概念。

3.進行市場機會分析與調查：開發初期大家的心情都很興奮，但是這一份熱忱有時候會弄錯方向，因為心一熱，就會產生盲點，凡事樂觀，壞事只是暫時沒有察覺，不是不存在。這時先冷靜地委託客觀第三人進行市場機會分析，並做一場小型的調查，以大致確保開發新產品是朝正確的方向前進。

4.製造新產品雛形：或稱為產品原型，飲料業就調製新口味的飲料，紡織業就做服飾打樣，先將新產品的概念具體成型，這樣才會有共同討論的空間，各部門討論的內容與腦中的想法才能夠趨於一致。

5.行銷企劃：這一階段就要完成整個行銷企劃案，否則日後會倉促成軍，增加失敗的機率。因為這一階段其實已經有初步的市場機會分析與調查結論，加上新產品原型可與競爭產品相比較，對於一位行銷企劃人員，其素材已經足夠了，必須預想日後如果上市之廣告文宣訴求及促銷方式等，大家事先檢視，以提高產品上市的成功機率。

6.試產與市場測試：就生產部門而言，原型打樣和試產是兩碼子事，一個是實驗室行為，一個是生產線行為，必須經過試產階段才能初步確定新產品能否順利生產上市，也藉由這次的試產機會，業務部門可以取得「廣告試喝品」做實際消費市場的測試。

7.量產與市場行銷：新產品經過試產之不斷修正後，就正式進入量產階段，以及鋪貨廣告公關等行銷作業，以上的行銷作為已經在第五階段敲定，在第六階段即起製作預備，在這第七階段正式推出，這樣的新產品上市才能穩定邁進。

新產品開發不分團隊大小，微型企業雖然人少，就是兩、三個人也是建議依照以上的開發程序，其主要目的無他，只求穩健經營而已。

★★★
成功創業小提醒

①新產品的創意來自「隨時隨地」，多去看專業展或其他產業的展覽，多觀察，多和客戶、第一線業務人員或消費者交談，隨時會有新產品創意產生。

②新產品的開發流程穩健地作業，即使公司人少，還是要以客觀的態度開發與評估，以提升成功機率。

13
Chapter

採購流程管理

微型企業最怕的就是凡事等一等以後再做，其實最大的敵人就在於你的壞習慣，可能是懶散的習慣，可能是不在乎的習慣，可能是拖延的習慣，如果你想要創業，自己就應該像個總經理的樣子，你是公司的成員之一，不是假借創業之名，行偷懶之實。

很多微型企業的採購及倉庫管理一團糟，他們總是以為一、兩個人在做而已，放哪裡自己知道就好，結果，公司規模越來越大的時候，採購和倉庫流程紊亂，光是整理和客訴處理，所花費的時間及貨品退貨處理的費用，年終結算應該沒有賺錢吧。

說採購大家大致上都懂，原物料的採購費用佔整個公司的經營成本至少20%以上，代工業甚至高達50%，物的管理不得不慎，一個簡單的採購行為，就是買東西啊，有很複雜嗎？

試想你經手公司的大宗原物料採購，因為現在國際情勢越來越不穩，你擔心原物料會突然上漲，所以你就開始規畫下一筆的大訂單，交貨日期和地點，原物料品項和價格都敲定了，你一按指令就成交了。

可是，你可能忽略了要去工廠實地查證，因為對方在電話中講的原物料品質不一定是真的喔，還有生產工廠的監管流程有沒有去查核，以確保原物料的品質？另外生產的預定進度已經和對方敲定了嗎？從國外生產工廠運送到你公司合理的時間需要多久？如果生產工廠發生問題無法交貨，你有沒有備胎的工廠可以緊急出貨給你公司？而且，你們兩造的買賣合約裡面有沒有違約的加重罰則？

每一個細項沒有溝通清楚，發生交貨的問題，都是採購的責任。

採購，不一定要購買，租賃、借貸、交換，或是徵用都可以，這還會牽涉到設備所有權轉移的問題，而且你還要根據公司業務成長計畫，檢視該生產設備的可使用年限，是要買二手或是新機，如果是原物料採購也要看下半年的業績量預估，因為船期有一定的運送時間，預估多和少公司都會跳腳，不是缺貨就是囤積。

所以就是一個簡單的採購也要有計畫書，寫明數量、價格、品質規格、請購詢價議價訂立買賣合約等作業流程、交貨與付款約定，售後服務，最後是驗貨及廠商建檔。為什麼一位採購人員做事情要這麼麻煩？其實這樣的設計只不過是想要達到以下兩個目的而已：

1.維持正常產銷活動。

2.降低企業產銷成本。

但是採購最敏感的事就是金錢交易，找到對的人才能夠最對的事，這句話在採購領域非常重要，到底是道德重要還是能力重要？只強調道德，殊不知一個錯誤的採購決策比貪污還嚴重？所以，你在選擇一位採購人員的時候，要多注意各方面的能力表現，例如他有沒有成本意識與價值分析的能力，他的情報收集能力如何？他可否預測產業或本公司的發展？他的表達能力如何？

以及他對於本公司產品的專業知識了解多少？

至於品德方面，則要從他過去任職的公司表現，以及和他對談所設下的話題陷阱去觀察他的為人，是否廉潔而不貪財，是否敬業且有責任與共的心，是否具備毅力和耐心？好的採購人員真的不好找，找到對的人，你一定要珍惜。

採購的職責很多，要建檔管控的事情也很多，但這些都是關乎公司生存與利潤的大事。

1.歷史價格：公司使用到的原物料的歷史價格，可據以推估未來的價格走向。

2.同業行情：本公司所購入的原物料，其成本比同業貴或便宜？

3.定期查核：檢視是否有價格與供貨異常的情事。

4.供應商情況：審視供應商的業務與生產情況是否有異常現象。

要設計整個採購標準流程及表格時，應該注意事項如下：

1.流程與各單位的連繫是否能緊密配合？

2.各單位主管的權限區分是否簡單明瞭？

3.誰負責流程的順序與時間的管理？

4.如果和流程衝突時要由誰判斷並決策？

5.化繁為簡，簡單為要，容易上手，不生困擾。

6.表單編碼方便追蹤管理。

7.稽核機制的設立。

無論是大型企業或微型企業，我相信採購流程與表單應該沒有大差別，因為你只要認清楚採購各流程表單的建立就是為了不浪費公司的資源，能夠在有效率的作業當中快速出貨，爭取公司最大的利潤，在這個共識之下，你必須說服另外幾個人，尤其是微型企業每個人感覺都是老闆的情況下，要說服他們努力遵守共同制定的規矩。

按照實務經驗，這不是一件很容易的事，這是人性的挑戰，但是卻是一定要做的事。

只要一請購，必須將請購訂購驗收五聯單的最後一聯馬上送到會計部門留存，每天會計部門要檢查流水號是否有缺漏，這個動作至為重要。

我以前服務的公司曾經發生一件大事，業務人員出貨給客戶一百萬的貨，業務人員竟然將整份出貨單及請購單弄丟了，而且一點印象也沒有，直至客戶和我公司老闆餐敘聊天，提及我公司是不是很有錢，一百萬的款項也沒有來請款？

從此以後，最後一聯一定先要送到會計部門，以便日後的查核，否則，真的經不起再一次的衝擊！

要怎麼和客戶與廠商議價，這是一個藝術，也是一個觀念。

以品質而言，最好最貴的，不一定適合於你公司；以價格而言，最便宜的也不一定適合於你公司，那怎麼找到最適當的原物料呢？在品質與價格之間做最大的平衡？其實只有兩句話：「公平」、「合理」，在這個基礎上，兩造都有利潤，兩造都贏，才能夠培養長期互利互信的夥伴關係。

殺價，好像是採購的天職，議價的招數很多，大多是混合應用，臨機應變。你可以使用成本分析，分段談製作所需的工資與材料，逼廠商現出利潤的原形；你也可以動之以情，請廠商體諒你年輕人創業之艱辛，給予優惠的價格協助創業成功；你也可以提出同業行情價，別人已經出了多少錢，因為你覺得他的產品品質好，你希望能和他長期合作，可否給予和同業一樣的價格；你也可以打好朋友牌，大家都是哥兒們，感情不要散掉；你也可以多買一些原物料，這樣摻合著全部再算便宜一點吧；你甚至就表演真的要放棄了，看看他會不會讓步；最後，如果你願意給現金呢，他會不會再降個幾個百分比？

最後，為了降低公司的成本，你採購的原物料最好就放在供應商的倉庫內，能放盡量放，讓供應商承擔庫存管理的責任與成本，或是類似於銷貨付款，寄售採購，你向供應商取貨時才給錢。雖然大家都一樣聰明，供應商也會精算於自己的經營成本，不一定會同意你所有的要求，但是，你沒有試，怎麼知道別人不會同意？市場是很競爭的，而且凡事都有可能發生。

本章節用聊天的方式全部交代一遍，希望你能夠成為一流的採購：在漲價前買到更多的貨；不然，至少也要當二流的採購：在漲價後找到廠商殺價並取貨；千萬不要當三流的採購：在漲價後還買不到你要的量。

★★★
成功創業小提醒

①隨時檢查原物料與成品之間的漏失率，以找出其間的作業問題。

②公司作業流程的內控稽核很重要，尤其是對客戶請款，從客戶一下訂單開始，會計部門就有訂單的資料，以便日後檢查訂單收款事宜。

③庫存貨的促銷與轉賣，是定期要注意的事情，不要讓庫存吃掉你的利潤。

倉儲配送管理

倉儲、物流配送很重要，好不容易打動消費者的心，卻卡在貨物送不出去，或是送錯貨，這是很嘔的事情。貨運物流的成本很高，至少佔市場售價的10%以上，這也是經營者在經營之初容易忽略的成本，無論是網路或實體通路行銷都不能忽視物流成本，經常是「事後檢討」才發現虧損，事前為了促銷根本不會注意到這一塊。

某大網路品牌宣部自大陸撤場，因為退貨率高達50%，營業額越大，虧損越大。

就以網路購物常見的「799元免運費」的優惠訂購條件為例，如果消費者訂購後執意要退貨，則廠商必須負擔以下費用：

1.信用卡所屬銀行的代辦手續費，這個銀行已經處理了，一定要付。

2.退回消費者原價格的匯款轉帳手續費，這個銀行也是銀行代為處理的，一定要付。

3.第一次送貨的運費，雖然一次大宗貨品包給物流公司統一處理，費用較低，但是這筆費用還是要付的。

4.第二次要請物流公司專人去消費者處拿回貨品的運費，這比第一次送貨還要貴，因為是專人去消費者家拿回來。

所以，只要當時期消費者有20%要求退貨，公司絕對賠錢，更遑論該品牌退貨率高達50%，這些退貨的相關規定，目前業者和律師都在協議調整之，光是這個退貨所產生的成本，你應該明白倉儲配送管理的重要性了。

只有在合理和有效管理物流運作，提高效率，降低物流營運成本，才能夠永續經營。

1.可以考慮顏色管理，請看東京地鐵站以顏色管理各條國鐵私鐵，有些醫院也用顏色管理，去門診、超音波、X光等路線都使用不同顏色，病患或家人只要沿線走去即可。
2.可以考慮條碼管理，或是RFID，每個產品的流向都有記錄。
3.要畫出整個貨品的物流和金流的過程圖，含各階段代工的物流和金流，以及各關鍵點所需要的表單，先整體流覽一遍，各部門都檢討過，並制訂SOP標準作業流程。
4.動線與貨架的規畫要掌握「先進先出」原則。

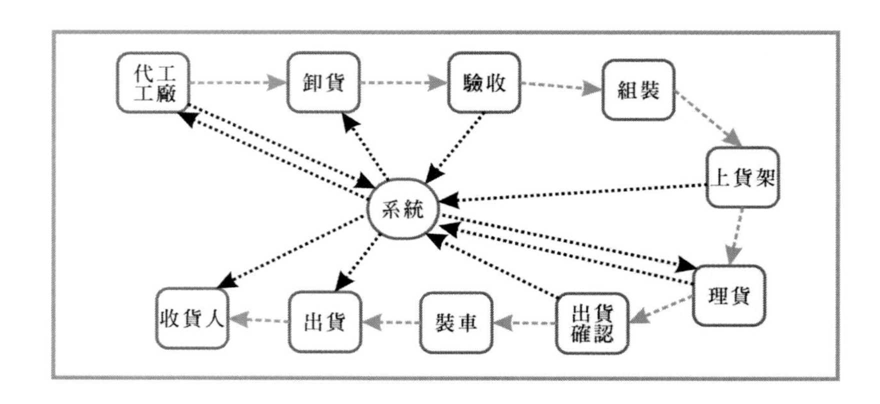

根據自身的行業情況與需求，製造商、經銷商、零售商，或是協力工廠，都有合適的倉儲配送管理系統，以幫助你發揮產品

佈局策略的最大作用、安排任務的優先順序、實施合理的生產力標準、並提高物流效率。

因為一套合適的系統規畫，可以幫助您從庫存管理、工作與任務管理、勞動力管理、堆場管理，一直到直接換裝、貨位優化、增值服務、多個庫存管理、計費和發票處理等，事先幫你規畫有效率的作業方式。

★★★

成功創業小提醒

①配送是和時間賽跑，妥善規劃運送流程至為重要。

②配送成本必須考量，尤其是促銷低價之時，切勿造成銷量大，賠更多的情況。

15
Chapter

人事管理

人事管理，或稱人力資源管理，是一件很複雜也很藝術的工作，管理人很累，但是只要找對的人，你的事業幾乎就成功一半了。

某些行業的人力需求很大，人事成本負擔很大，對於降低人事成本，一般的做法不外乎兩種：一是增加兼職人員，但這個向心力與忠誠度，還有穩定性的問題，對於作業品質也必須加強督導；二是委外，這個外包也含兼職人員，可劃分清楚的固定工作聘請外包業務的公司處理。

人力資源管理最重要的目標就是做好求才、育才的工作，找到對的人才，並施以必要的專業訓練，以提高整個公司的績效。

由於人力資源管理的是人，不是物，我們雖然可以採用科學方法做統計分析篩選出優秀的人才，但是必須施以適度的激勵，或是向員工勾勒未來的願景，讓他們感覺努力有成就，否則，如果讓員工覺得終其一生只有在這個作業員的職位，情緒是很容易低落的。要多考慮員工的生涯規劃，多創造機會給員工成長，這樣才能夠提升組織的績效。

微型企業大多是家族企業，人事管理說來簡單，但也很困難，經常遇到的是任用家族成員，而非家族成員的外人當然覺得沒有前途，流動率甚高，而影響公司的正常運作，經常必須混亂一陣，正常後，又混亂一陣，維持人事的穩定很重要，但是對於微型企業的家族性格卻是一項挑戰，必須深思如何留住人才。

以百分比分紅是一個辦法，讓公司所有的員工知道大家努力的成果最終都有收穫，無論是誰，都在一個公平的環境下分享成果，或許，在這個合理公正的氛圍可以留住好人才。

由於目前大家都遵行勞動基準法的規定，只要依法作業，對於勞工的工作時間、工資等最低標準這方面的勞工權益倒沒有多大問題；但是對於微型企業而言卻是一大負擔，因為如果真的遵行法令規定，則會大幅增加成本，這也造成了一些小企業經常有勞資糾紛，所以在創業之初，人事成本必須充分地計算進去，看這樣的創業規畫是否可行。

每一個部門最好都督促撰寫工作單，詳細寫明每一天、每一週、每月、每季要做哪些事，提出哪些表單，或是做哪些維護；每個職位都要填寫，這件事情一開始很煩人，但是最好一定要做。當然，一些敏感部門如研發部涉及業務機密，寫下來後應列入機密檔案。

工作單的製作有一個好處，就是新人交接與訓練快速，特別是如果有員工惡意離職，主管在招募新人後，應該可以在一小時之內根據工作單所示逐一指導教會。

徵人篩選面談的壓力真的很大，要在短時間內決定是否錄取真的有難度，還好現在有Facebook等社群，你可以利用這些社群查看應徵者日常的言行，當然，你自己以後在社群發表的言論也要慎思，因為用人單位也會反過來檢視你的。

★★★
成功創業小提醒

①適才適所，人員的安排與選擇是事業成功的重要因素。

②使用工作單，可以清楚各單位的工作，也可以快速訓練新人，短期間順利上線。

消費趨勢分析

逛各行業的展覽會場，一般是業者經常做的事情，因為在展覽會場上可以看到最新的機種或發明，也可以從整體的展出內容看出未來的趨勢。

每個人搜尋的方式不同，你也可以查詢每一年的網路熱門話題而嗅出一些端倪，例如2015年Google快速竄升關鍵字搜尋排行榜：

1.颱風、2.我的少女時代、3.威力彩、4.世界12強棒球錦標賽、5.寬宏售票、6.武媚娘傳奇、7.How-Old.net、8.玩命關頭7、9.江蕙、10.iPhone 6s。

以行動裝置搜尋：快速竄升關鍵字搜尋排行榜：

1.天氣預報、2.巴哈姆特、3.lativ、4.神魔之塔、5.LINE、6.六合彩開獎號碼、7.高鐵時刻表、8.國泰世華、9.油價、10.Mobile01。

我個人的方式是固定每半年逛百貨公司一圈，每看到各樓的品牌及展示的產品，我的腦中同時映出以前的畫面，這樣取得的整體印象，也可以大致勾勒出趨勢與走向。

目前當然以大數據分析最準確，通常大數據的結果已經讓某些大企業使用後，才會出版讓社會大眾週知；並不是每一個人、每一家中小企業都可以及時得知，我們必須靠其他的方式想辦法拼湊出一個完整的未來圖像。

站在鬧區看往來人們的服飾與裝扮。

不斷地拍照，全部攤在桌上全部檢視。

從網路上快速瀏覽社會大眾貼上去的照片，以及討論的話題。

以主題方式邀集相關人士召開焦點團體座談會。

觀察各專業社團所討論的話題，留意一些意見領袖的意見。

觀察熱門節目的話題人物的服飾、言行等各項元素。

和消費者聊天，發掘他們的需求或是不便，以及他們對產品的真實感覺。

預測，是一個很難精確量化的事情，我們只能透過任何方式，利用我們的敏銳觀察力與分析力，再配合相關報導，以及比對過一段時間才公布的大數據分析，至少，對於未來的趨勢走向，你自己應該也有些想法了。

★★★
成功創業小提醒

①腦筋隨時保持機動，留意社會脈動，並預想某些事件未來可能會產生的景象，或是消費心理因而改變。

②留心暢銷產品，發掘其暢銷的消費心理，可否複製？

政府法規

政府的法規經常在改變，要創業就要隨時注意，否則一不小心，就會被請去喝咖啡，那杯很貴的，幾乎都是上萬元等級的。

以做餐飲食品為例，業者總是希望自己的食品能夠在賣場上獲得消費者的青睞，所以在包裝上的標語文案就寫得非常的生動，甚至這個食物可以治療或預防什麼疾病都寫出來，馬上就會被叫去喝高級咖啡了。

食品不是藥品，所以不能寫影射醫療效能的文字，即使是健康食品也不能寫療效，只能寫核准具有正面健康效應的文字，所以每位食品業者，手中必備以下的資料，在寫廣告文案的時候，隨時都要查閱審視之。

衛生福利部食品藥物管理署於2012年9月28日（筆者按：教師節快樂！）依103年1月7日部授食字第1021250977號令發布**「食品標示宣傳或廣告詞句涉及誇張易生誤解或醫療效能之認定基準」，規定食品包裝與廣告不得有任何影射醫療效能的字句，其負面表列與正面表列如下，本書僅擷取前半段，至於後半段有關於維生素可用的描述字句，請自行上網查詢。**

一、衛生福利部（以下稱本部）為維護國人健康，保障消費者權益，有效執行食品衛生管理法第二十八條，禁止食品標示、宣傳或廣告誇張、易生誤解或宣稱醫療效能，特訂定本基準。

二、食品標示、宣傳或廣告如有誇張、易生誤解或宣稱醫療效能之情形，且涉及違反健康食品管理法第六條規定者，應依違反健康食品管理法論處。

三、涉及誇張、易生誤解或醫療效能之認定基準如下：（筆者按：以下都是負面表列）

（一）、使用下列詞句者，應認定為涉及醫療效能：

1.宣稱預防、改善、減輕、診斷或治療疾病或特定生理情形；

例句：治療近視。恢復視力。防止便秘。利尿。改善過敏體質。壯陽。強精。減輕過敏性皮膚病。治失眠[1]。防止貧血。降血壓。改善血濁。清血。調整內分泌。防止更年期的提早。

2.宣稱減輕或降低導致疾病有關之體內成分：

例句：解肝毒。降肝脂。

3.宣稱產品對疾病及疾病症候群或症狀有效：

例句：消滯。降肝火。改善喉嚨發炎。祛痰止喘。消腫止痛。消除心律不整。解毒。

4.涉及中藥材之效能者：

例句：補腎。溫腎（化氣）。滋腎。固腎。健脾。補脾。益脾。溫脾。和胃。養胃。補胃。益胃。溫胃（建中）。翻胃。養心。清心火。補心。寧心。瀉心。鎮心。強心。清肺。宣肺。潤肺。傷肺。溫肺（化痰）。補肺。瀉肺。疏肝。

---

[1] 「治失眠」是屬於身心科的醫療範圍，食品斷無這樣的功效，可以寫類似的字句去形容它，但是不能在食品上面直接寫這三個字。

養肝[1]。瀉肝。鎮肝（熄風）。澀腸。潤腸。活血。化瘀。

5.引用或摘錄出版品、典籍或以他人名義並述及醫藥效能：

例例句：「本草備要」記載：冬蟲夏草可止血化痰。「本草綱目」記載：黑豆可止痛。散五臟結積內寒。[2]

（二）、使用下列詞句者，應認定為未涉及醫療效能，但涉及誇張或易生誤解：

1.涉及生理功能者：

例例句：增強抵抗力[3]。強化細胞功能。增智。補腦。增強記憶力。改善體質。解酒。清除自由基。排毒素。分解有害物質。改善更年期障礙。平胃氣。防止口臭。

2.未涉及中藥材效能而涉及五官臟器者：

例例句：保護眼睛。增加血管彈性。

3.涉及改變身體外觀者:

---

1 在菜市場上經常看到這樣的字眼，一些傳統的食品為了要激起消費者的購買慾望，養肝、補肺等字句全上了，這些文字都不能與所販售的食品有任何關連，掛牌子，寫網址鏈結過去都不行。

2 這是最常犯的錯誤，以為這是古人寫的文字，我們照抄即可，只要有影射醫療效果的文字，無論是誰寫的，都不能放在食品的包裝和廣告等行銷作為上。

3 增強抵抗力，也不行喔，販售食品的確很難，寫一些沒有醫療效果的文字消費者不感興趣，多寫一些「聳動」的療效文句又被請去喝一杯幾萬元的咖啡，但是你反過來想，這樣的規定就是要保護消費者，包含你自己。

例句：豐胸。預防乳房下垂。減肥。塑身。增高。使頭髮烏黑。延遲衰老。防止老化。改善皺紋。美白[1]。纖體（瘦身）。

4.引用本部部授食字號或相當意義詞句者：

例句：部授食字第。。。。。號。衛署食字第。。。。。號。署授衛食字第。。。。。號。FDA。字第。。。。。號。衛署食字第。。。。。號許可。衛署食字第。。。。。號審查合格。領有衛生署食字號。獲得衛生署食字號許可。通過衛生署配方審查。本產品經衛署食字第。。。。。號配方審查認定為食品。本產品經衛署食字第。。。。。號查驗登記認定為食品。

四、使用下列詞句者，應認定為未涉及誇張、易生誤解或醫療效能：（筆者按：以下才是正面表列）

（一）、通常可使用之例句：[2]

幫助牙齒骨骼正常發育。幫助消化。幫助維持消化道機能。改變細菌叢生態。使排便順暢。調整體質。調節生理機能。滋補強身。增強體

---

[1] 美白，不能使用在食品和一般化粧品的包裝和廣告等行銷作為上，但是你可以修飾一下，例如某藥廠就推出亮白配方，或許你也可以試著使用潤白，就是不能寫美白，除非你真的使用政府核可具有美白效能的藥劑，並且按規定放入規定上限劑量之內。

[2] 這些文字都可以使用，你看，古人講的梅子就可以使用，因為它不具醫療效能，所以可以使用。但是請注意，有看到「促進新陳代謝」，並沒有看到促進血液循環喔，所以，如果你想要寫沒有在正面表列可以寫的促進血液循環，你要三思，要不要被叫去喝咖啡，不是你可以決定的。

力。精神旺盛。養顏美容。幫助入睡[1]。營養補給。健康維持。青春美麗。產前產後或病後之補養。促進新陳代謝。清涼解渴。生津止渴。促進食慾。開胃。退火。降火氣。使口氣芬芳。促進唾液分泌。潤喉。「本草綱目」記載梅子氣味甘酸，可生津解渴（未述及醫藥效能）。

承以上的規定，一般化妝品和食品一樣，都不能書寫具有療效的文字，某大藥廠推出「亮白」配方，它是一般化妝品喔，不是美白配方喔，所以，你也可以推出「潤白」的一般化妝品，這個秘訣學到了嗎？（再不會的話，我就要收顧問費囉！）

就是賣精油，也不可以亂寫，根據衛生福利部公佈的「精油類產品涉醫療效能之不適當宣稱詞句例句」，你可窺知政府保護消費者的立場，以下的詞句都不得使用。

1.治療/減輕/改善/預防禿頭、圓禿、遺傳性雄性禿

2.治療/減輕/改善/預防皮脂漏、脂漏性皮膚炎

3.治療/減輕/改善/預防痤瘡

4.治療/減輕/改善/預防暗瘡

5.治療/減輕/改善/預防皮膚濕疹、皮膚炎

6.治療/減輕/改善/預防蜂窩性組織炎

7.治療/減輕/改善/預防泌尿系統感染

8.治療/減輕/改善/預防香港腳

---

[1] 這個「幫助入睡」可以寫，上段的「治失眠」不能寫，這樣你應該就可以明瞭其間的差異了吧。

9.治療/減輕/改善/預防關節炎

10.治療/減輕/改善/預防風濕

11.治療/減輕/改善/預防小靜脈破裂

12.治療/減輕/改善/預防膀胱炎

13.治療/減輕/改善/預防扁桃腺炎

14.治療/減輕/改善/預防流行性感冒、支氣管炎

15.治療/減輕/改善/預防肺結核

即使我們知道真正的精油，非市面上少數添加香精劣等油的產品，只要是真正的精油對人體就具有一定的正面效應，但是精油目前還不是主流醫學，台灣目前沒有相關法令，因此在販售精油時不能提出任何影射療效的字眼，就是連「減輕」和「改善」都不能說。

食品如此，化妝品也是，化妝品分為兩類，一般化妝品和含藥化妝品，一般化妝品和食品一樣，其包裝與廣告都不能涉及醫療效能，但可以銷售於任何通路；至於含藥化妝品則只能銷售於藥局等相關通路，而且其所含之藥物必須合乎法令規定，其效能之文字也要合乎規定撰寫。

只要是化妝品，無論是一般化妝品或含藥化妝品，都需要先申請廣告核可，這很簡單，只要上網或去電詢問，衛生福利部承辦人員就會用非常流利的話引導你取得申請文件，現在申請政府任何文件都非常簡便，每張表格都說明得很清楚，每個欄位要填什麼，甚至你是經銷商、工廠、或是進口商，各需要準備什麼文件，甚至請你列印的信封袋上也標明準備的文件，請你一一檢查打勾，這樣便民的措施，要說不會做，真的講不出口啦！

以下是衛生福利部的化妝品廣告申請核定表，列出兩份，第

一份是申請表格，你應該會填寫，待核准後，會給你廣告核可字號，以後你在申請的媒體上打產品廣告，記得在適當的位置填寫廣告核可字號，這樣就不會有人找你喝咖啡了。

每年要申請更新字號一次，在核准之截止日期前一個月內就要辦理，要記得喔，否則逾期又要重新再申請一次，到時候連合約書等文件還要再備齊一次呢。

最重要的是第二份資料，就是你的產品廣告文案部分，千萬不要學其他廠商一樣，將已經製作好的廣告貼上去（規定要在方框之內），結果承辦人員將涉及醫療用詞的文句刪除，該廣告所留下的文句就不通順了。

你要做的事情很簡單，就是先將你想要寫的文案全部寫上去，就好了，就等21個工作天收到核准函後，看哪些文句是完整的，你就拿那些文句做廣告即可。

衛生福利部

化粧品廣告申請核定表（第 1 頁）

本則廣告於最近一年內，曾另向□臺北市、□新北市、□桃園市、□臺中市、□臺南市或□高雄市政府衛生局申請廣告核准，核准資料如附件。				收文戳章欄	
□廣告新申請案　□廣告展延案					
案件聯絡人		聯絡電話			
申請廠商名稱		蓋章	負責人姓名		蓋章
公司統一編號					
工廠地址	□□□-□□（進口商免填）				
申請廠商地址	□□□-□□				
通訊地址	□□□-□□（郵寄地址）				
工廠登記證	（進口商免填）				
化粧品名稱	（請將所有產品名稱填入）		許可證所載用途	（一般化粧品免填）	
許可證字號	衛部　字第　號（一般化粧品免填）		許可證有效期間	至　年　月　日（一般化粧品免填）	
申請廣告類別（電視、電影、電台須註明刊播秒數）	□電影、電視（註明刊播秒數）□電台（註明刊播秒數）□網路 □平面媒體（海報、傳單、報紙、刊物、雜誌、廣告牌、車體、車廂等）□其他______				
※廣告許可字號	衛部粧廣字第　號				
※核定廣告有效期間	至　止				
※核准廣告類別	□電影、電視（註明刊播秒數）□電台（註明刊播秒數）□網路 □平面媒體（海報、傳單、報紙、刊物、雜誌、廣告牌、車體、車廂等）□其他______				

注意事項：

1. 請依照本部核定廣告之內容刊載媒體廣告，以免觸法。
2. 產品之包裝標籤應符合化粧品衛生管理條例第六條之規定。
3. 廣告內容應將廣告核准字號，一併登載或宣播。

附註：表內有「※」者，申請人請勿填寫。

裝

訂

線

衛生福利部

化粧品廣告申請核定表(第__頁)

(廣告內容)

填寫注意事項：

1. 本頁限以A4紙張列印送審。
2. 廣告內容之字體及行距請勿小於本段文字(10號字，20pt行距)。如因畫面設計之需求無法符合本規定，請另列印符合規定之文字內容，補充於下頁。
3. 請依照本署核定廣告之內容刊載媒體廣告，以免觸法。
4. 產品之包裝標籤應符合化粧品衛生管理條例第六條之規定。
5. 廣告內容應將廣告核准字號，一併登載或宣播。

化粧品衛生管理條例：

第 3 條：本條例所稱化粧品，係指施於人體外部，以潤澤髮膚，刺激嗅覺，掩飾體臭或修飾容貌之物品；其範圍及種類，由中央衛生主管機關公告之。

第6條：化粧品之標籤、仿單或包裝，應依中央衛生主管機關之規定，分別刊載廠名、地址、品名、許可證或核准字號、成分、用途、用法、重量或容量、批號或出廠日期。經中央衛生主管機關指定公告者，並應刊載保存方法以及保存期限。

前項所定應刊載之事項，如因化粧品體積過小，無法在容器上或包裝上詳細記載時，應於仿單內記載之。其屬國內製造之化粧品，標籤、仿單及包裝所刊載之文字以中文為主；自國外輸入之化粧品，其仿單應譯為中文，並載明輸入廠商之名稱、地址。

化粧品含有醫療或毒劇藥品者，應標示藥品名稱、含量及使用時注意事項。

第 24 條：化粧品不得於報紙、刊物、傳單、廣播、幻燈片、電影、電視及其他傳播工具登載或宣播猥褻、有傷風化或虛偽誇大之廣告。

化粧品之廠商登載或宣播廣告時，應於事前將所有文字、畫面或言詞，申請中央或直轄市衛生主管機關核准，並向傳播機構繳驗核准之證明文件。經中央或直轄市衛生主管機關依前項規定核准之化粧品廣告，自核發證明文件之日起算，其有效期間為一年，期滿仍需繼續廣告者，得申請原核准之衛生主管機關延長之，每次核准延長之期間不得逾一年；其在核准登載、宣播期間，發現內容或登載、宣播方式不當者，原核准機關得廢止或令其修正之。

化粧品衛生管理條例施行細則：

第 20 條：化妝品廣告之內容，應依本條例第二十四條第一項規定，不得有左列情事：

一　所用文字、圖畫與核准或備查文件不符者。
二　有傷風化或違背公共秩序善良風俗者。
三　名稱、製法、效用或性能虛偽誇大者。
四　保證其效用或性能者。
五　涉及疾病治療或預防者。
六　其他經中央衛生主管機關公告不得登載宣播者。

第 21 條：依本條例第二十四條第二項規定核准登載或宣播之化粧品廣告，其有效期間應於核准廣告之證明文件內載明。

經核准之化粧品廣告於登載、宣播時，應註明核准之字號。

附註：1. 請於各頁裝訂線加蓋騎縫章。 2. 廣告內容限填本表之內，不得超出或加貼其他用紙。

3. 請於表頭註明頁次（自第2頁起算）。

公司法、勞動基準法等都在隨時修正，雖然你所經營的事業不大，可能每個月的營業額並不多，但是政府法規卻一點也不能輕忽，應該說本書的任何一個章節都不能忽略，因為微型企業賺錢本來就很辛苦，不要因為這些法規或商標等違規事件，耗損了你的利潤，甚至你還要另外掏出老本出來賠，真的不划算。

除了以上的食品和化妝品的規定之外，和你切身相關的商標（如前所述），還有專利，著作權，以及營業祕密等，都很重要，每一件小事都是未來的大事。

一、專利

專利權是一種排他權，要取得專利的要件有三：產業利用性、新穎性、進步性。依目前現行專利法之規定，侵害他人專利權之行為，已經沒有刑事責任，只有民事責任。但商標法同時有民事和刑事責任，這個觀念和一般人認知不同，請特別留意，也請特別留意不要侵犯到別人的商標權，因為他們會以刑事責任逼你和解，和解金很高的。

專利分為三種：發明專利、新型專利和設計專利（以前稱新式樣專利）。

發明專利保護年限為自申請日起二十年，可分為物的發明、方法發明及用途發明。寫發明專利就像是寫一篇碩士論文，不僅要列舉先前技術做一番的文獻分析，然後闡述自己的新技術，再畫圖表比較目前現存的技術與自己發明的新技術之間的差異，也就是進步的程度，以彰顯發明的價值。這需要實質審查，審查時間很長，有時候審查委員有核駁意見，你還要一一具體回覆，但是只要核准下來後，你就可以擁有該專利權，並可執行應有的權利。

新型專利保護年限為自申請日起十年，主要是對物品之型狀、構造或組合之創作進行保護。台灣自2004年起即採形式審查，大約四、五個月就可以取得專利，但是因為沒有經過實體審查，很容易被他人提出異議而取消之，其不確定性較大；新型專利發明人必須自己再提出技術報告，經過實體審查核可後，才可以執行專利權。所以，我經常比喻取得新型專利只有表演自己是老虎而已，無法咬人，必須提出技術報告經核准後，才配上一副尖銳的牙齒。

其實，在新型專利證書上已經清楚地載明兩行字，幾乎沒有人會去看。

「上開新型業依專利法規定通過形式審查取得專利權，行使專利權依法應提示新型專利技術報告進行警告」寫得很清楚吧，日本通過新型專利形式審查後，申請發明專利大幅增加，新型專利大幅降低，就國家發展而言，這樣的設計是朝正確的方向前進。

由於新型專利的審查時間很短，就微型企業而言，新型專利不啻是一個「福音」，因為絕大多數的客戶（甚至是超大企業體）和消費者對於專利實在分不清楚，有時候連商標和專利都會講錯，更別提發明專利（I字號開頭）或新型專利（M字號開頭），可是當客戶和消費者問你產品有沒有專利的時候，這時候你趕緊去申請一個新型專利，只要合乎結構的形式規定，幾乎你都可以拿到一份不具攻擊力，但是具有行銷宣傳力的新型專利證書，將新型專利證書字號印在產品包裝上，顯得很專業，這對於行銷來說是件好事呢。

至於設計專利（以前稱為新式樣專利）係對物品之全部或部分之型狀、花紋、色彩或其結合，透過覺訴求的創作，而應用於物品的電腦圖像及圖形化使用者介面，也可以申請設計專利。設計專利保護年限為自申請日起十二年。

專利年費逐年分段提高，其用意就是希望你能夠及早放棄，能夠將發明的成果貢獻於社會，另一方面，也促使你自己思考，你這項專利可以有十足的產業利用性嗎？你自己會使用嗎？有技術授權的可能嗎？否則，空有一個專利，每年還要繳交年費，要養這個專利是要花很多錢的，台灣某研究機構光是每年花在專利年費的預算就要編列兩億元以上，他們每一次都會問發明人，這個專利值得申請嗎？在哪裡可以產生收益？可見一斑。

二、著作權

著作權是大家都應該知道，因為切乎個人的權利，但是卻很少人會去主動關心的課題。

基本上，著作權所保護的標的僅及於該著作的表達，而不及於其所表達之思想、程序、製程、系統、操作方法、概念、原理、發現。所以，每一個人都可以寫電磁學這本書，著作權保護每一個人寫的書，但是不保護電磁學這個理論。

法規保護著作的標的如下：語文著作、音樂著作、戲劇舞蹈著作、美術著作、攝影著作、圖形著作、視聽著作、錄音著作、建築著作、以及電腦程式著作等。

但是著作權不保護以下的著作：

1.憲法、法律、命令或公文。

2.中央或地方機關就憲法、法律、命令或公文等著作作成之翻譯物或編輯物。

3.標語及通用之符號、名詞、公式、數表、表格、簿冊或時曆。

4.單純為傳達事實之新聞報導所作成之語文著作。

5.依法令舉行之各類考試試題及其備用試題。

以下是一些著作權的重要概念，茲條列如后，希望你能夠在短時間內快速了解著作權，也希望在你創業時，不要因為無知而侵犯別人的著作權利。

1.著作人於著作完成時享有著作權。（§10）所以著作採創作主義，只要你一創作就受到助作權的保護，但是你自己要負有舉出創作時間證明的義務。

2.受雇人於職務上完成之著作，以該受雇人為著作人。但契約約定以雇用人為著作人者，從其約定。

依前項規定，以受雇人為著作人者，其著作財產權歸雇用人享有。但契約約定其著作財產權歸受雇人享有者，從其約定。

前二項所稱受雇人，包括公務員。（§11）

這就是為什麼你一進公司就被要求簽切結書，所有你在公司所作所為都是公司的，以免日後改版必須徵求離職的你的同意，以上法條請仔細耐心閱讀。

3.出資聘請他人完成之著作，除前條情形外，以該受聘人為著作人。但契約約定以出資人為著作人者，從其約定。

依前項規定，以受聘人為著作人者，其著作財產權依契約約定歸受聘人或出資人享有。未約定著作財產權之歸屬者，其著作財產權歸受聘人享有。

依前項規定著作財產權歸受聘人享有者，出資人得利用該著作。（§12）

這經常發生於代工製造的情況，請仔細而有耐心地閱讀，很重要。（不然你就來追我的課，讓我向你解釋，哈！）

4.著作人享有禁止他人以歪曲、割裂、竄改或其他方法改變其著作之內容、形式或名目致損害其名譽之權利。（§17）

著作人死亡或消滅者，關於其著作人格權之保護，視同生存或存續，任何人不得侵害。但依利用行為之性質及程度、社會之變動或其他情事可認為不違反該著作人之意思者，不構成侵害。（§18）

所以，梵谷死了那麼多年，他畫的油畫作者只能寫梵谷，不可以改為其他人創作；同時，你要利用梵谷的油畫印製於任何產品上，一定要原樣，才可以寫上這是梵谷的創作；任何在他圖畫上做編輯，不可以標示是梵谷創作的，這是保護著作人的同一性保持權及禁止醜化權。

5.至於你擁有梵谷的畫，其著作財產權的權利計有：重製權、公開口述權、公開播送權、公開上映權、公開演出權、公開展示權、改作權、以及出租權等。

6.著作財產權，除本法另有規定外，存續於著作人之生存期間及其死亡後五十年。（§30）

別名著作或不具名著作之著作財產權，存續至著作公開發表後五十年。（§32）

法人為著作人之著作，其著作財產權存續至其著作公開發表後五十年。（§33）

攝影、視聽、錄音及表演之著作財產權存續至著作公開發表後五十年。（§34）

初步列出著作財產權的存續期間供你參考，要用本人真名或筆名沒有對錯之分，都是你的決擇，但是你要清楚你選擇後的權利何在。

以上是著作權最基本的規範，也是你必須知道的重點，溫馨提醒，你在製作產品包裝設計、海報文宣、網頁宣傳時，所使用的圖片最好上圖片網站去購買，所使用的文句最好自己也小改一下，前後對調或照樣照句等，不要完全一樣，省得無事變有事。

三、營業祕密

你自己研發出來的成果，大部分都無法申請專利，尤其是微型企業，一個燒仙草為什麼你煮的就比較好喝？因為你加了某個祕密配方，或是在製程中溫度與時間或順序稍微調整一下而已，口感就完全不一樣，這些祕密的調整絕大多數都無法申請專利，可是那是你經營的祕密啊！這時候，你就需要營業祕密法的保護了。

營業祕密係指方法、技術、製程、配方、程式、設計或其他可用於生產、銷售或經營的資訊，而且這些資訊是有經濟價值的。

例如汽車製造商下一年度將推出之汽車款式（四輪傳動、RV車、三門）、價格等，其資訊之保密足以使競爭者無法預測或即時採迎戰或避開其產品之經營策略，而資訊所有人自身可獲致銷售利潤。

例如便利連鎖商店將於某一期間內與唱片業或出版業達成「網上訂購，巷口取貨」之合作關係。

例如速食業者將在暑期推出點餐可低價附買某種知名玩偶之促銷手法。

而要成為營業祕密法所保護的標的，必須具備以下的要件：

1.非一般涉及該類資訊之人所知者。

「祕密性」，與專利法的「新穎性」有相近的價值。採「業界標準」，而非「公眾標準」，亦即其不僅是一般公眾所不知，還必須是專業領域中之人亦無所知悉始可。

2.因其祕密性而具有實際或潛在之經濟價值者。

「價值性」或「實用性」。「實際之經濟價值」：指目前即可實現之經濟利益。例如行銷中之產品秘方，一旦洩漏，立即受到經濟損失。「潛在之經濟價值」：指目前雖無立即可實現之經濟利益，但在未來必然可以獲得經濟利益。如數月後將上市之特殊產品資訊，如被洩漏，上市後將減少或無從獲利。

3.所有人已採取合理之保密措施者。

「營業祕密」之「合理保密性」。營業祕密之所以要保護，在於所有人主觀上有保護之意願，且客觀上有保密的積極作為。

1.與所有接觸到該特定營業祕密之員工約定「保密協定」。

2.就該被列為營業祕密之資料，限制閱讀或接觸，並禁止在公司內部廣為流傳，而閱讀或接觸該項資料之人並被告知該項資料之重要性與機密性。

3.對於以書面型態記載之營業祕密，標明「機密」或「限閱」或其他類似之記號。

4.對於以書面型態記載之營業祕密，嚴格管制影印份數。

5.企業與被授權人或其他外部人員討論該項營業祕密時，該被授權人或其他外部人員必須同意甚至簽署保密協定，保證不對外揭露該項資料。

6.企業制定保全計畫並做好保全措施，例如要求研發人員對其辦公處所隨時上鎖、限制訪客接近存放機密之處所等。

★★★
成功創業小提醒

①你想得到的，別人應該也會想得到，多留意相關的智慧財產權問題，以免多花成本在訴訟費用上。

②留心政府法規的修正，隨時檢查產品包裝與廣告是否合乎規定。

②對於握有公司營業機密的員工，要做好合乎營業祕密法的相關規定，才能夠確實保護公司業務機密不致外洩。

18
Chapter

計畫書的撰寫重點

寫計劃書最重要的就是「創新亮點」，無論是要申請創業輔導，或是技術開發，你有沒有獨特於他人的優勢或特色？如果沒有，有什麼理由你的朋友要投資？銀行為什麼要貸款給你創業，他們也會盤算你有沒有成功經營的機會；政府為什麼要貸款給你，因為你要做的事情在市場上多的是。

創新亮點只要一個就好，強化它，所有的品牌名稱、產品造型、陳列方式、廣告訴求、形象塑造等，將這個特色和競爭對手的「距離」拉大，其目的就是更為凸顯你的差異性。

至於計劃書的範本，現在更方便了，任何一個單位都有固定的格式，你要貸款，銀行也會提供給您營運計劃書格式，政府甚至也有撰寫說明，只要像考試寫簡答題而已，這些不是問題。

你在寫計劃書之前，需要的只有兩張紙，一張是A4白紙，一張是我撰寫的「品牌行銷企劃案思考與架構圖」（下圖），只要你根據這一個圖表內所有的問題，再比對本書各章節內容，回答這些問題寫在你的A4紙上，畫上每個想法的關聯，是否有矛盾之處，檢查是否合乎寫計畫書要求的「競爭優勢與投資利基」、「與市場結合」、「前後一致」、「客觀明確」的原則，最後拿紅筆將「創意亮點」圈起來。

和朋友討論，修改定案後，你的營運計畫書就大致完成，接下來只剩下轉寫至制式的計劃書了。

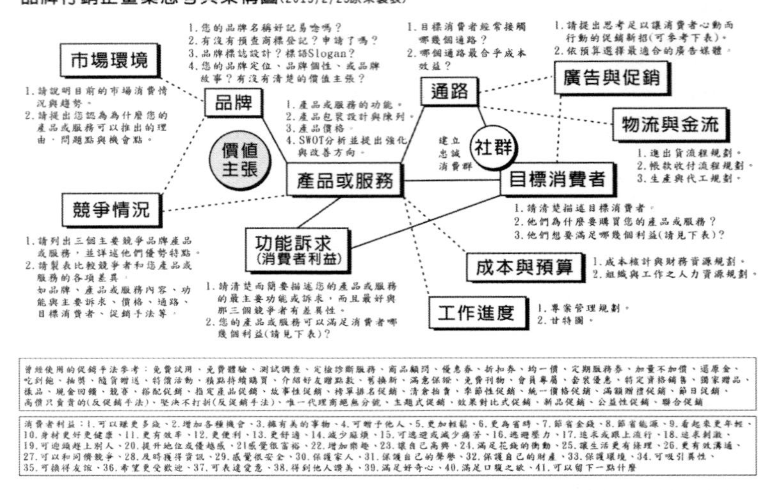

因為上圖的文字過小，因此全部表列如後，供你參考。

一、從市場、通路與消費族群著手

1.市場環境

（1）請說明目前的市場消費情況與趨勢。

（2）請提出您認為為什麼您的產品或服務可以推出的理由，問題點與機會點。

2.競爭情況

（1）請列出三個主要競爭品牌產品或服務，並詳述他們優勢特點。

（2）請製表比較競爭者和您產品或服務的各項差異。如品牌、產品或服務內容、功能與主要訴求、價格、通路、目標消費者、促銷手法等。

3.目標消費者

（1）請清楚描述目標消費者。

（2）他們為什麼要購買您的產品或服務？

（3）他們想要滿足哪幾個利益？

4.通路

（1）目標消費者經常接觸哪幾個通路？

（2）哪個通路最合乎成本效益？

二、從品牌、產品與行銷企劃著手

1.品牌

（1）您的品牌名稱好記易唸嗎？

（2）有沒有預查商標登記？申請了嗎？

（3）品牌標誌設計？標語Slogan？

（4）您的品牌定位、品牌個性、或品牌故事？有沒有清楚的價值主張？

2.價值主張

你為什麼要創造這個品牌？你希望能夠達到什麼目的？這個簡單的對話與問題就是要讓你審視目標消費者了解你多少？

3.產品或服務

（1）產品或服務的功能。

（2）產品包裝設計與陳列。

（3）產品價格。

（4）SWOT分析並提出強化與改善方向。

4.功能訴求（消費者利益）

（1）請清楚而簡要描述您的產品或服務的最主要功能或訴求，而且最好與那三個競爭者有差異性。

（2）您的產品或服務可以滿足消費者哪幾個利益（請見下表）？

消費者利益		
1.可以賺更多錢	2.增加各種機會	3.擁有美的事物
4.可贈予他人	5.更加輕鬆	6.更為省時
7.節省金錢	8.節省能源	9.看起來更年輕
10.身材更好更健康	11.更有效率	12.更便利
13.更舒適	14.減少麻煩	15.可逃避或減少痛苦
16.逃避壓力	17.追求或跟上流行	18.追求刺激
19.可迎頭趕上別人	20.提升地位或優越感	21感覺很富裕
22.增加樂趣	23.讓自己高興	24.滿足花錢的衝動
25.讓生活更有條理	26.更有效溝通	27.可以和同儕競爭
28.及時獲得資訊	29.感覺很安全	30.保護家人
31.保護自己的聲譽	32.保護自己的財產	33.保護環境
34.可吸引異性	35.可換得友誼	36.希望更受歡迎
37.可表達愛意	38.得到他人讚美	39.滿足好奇心
40.滿足口腹之欲	41.可以留下一點什麼	

5.社群

現在是網路社群的時代，大家吃飯的時候，每個人都在滑手機，這個微時間的行銷在現代至為重要，針對你的「目標消費者」設定廣播的對象，經常提供有用的資訊維持目標消費者的熱度，這方面的操作就在本書後半段將詳述。

6.廣告與促銷

（1）請提出思考足以讓消費者心動而行動的促銷新招（可參考下表）。

（2）依預算選擇最適合的廣告媒體。

曾經使用的促銷手法參考		
免費試用	免費體驗	測試調查
定檢診斷服務	商品顧問	優惠券
折扣券	均一價	定期服務券
加量不加價	還原金	吃到飽
抽獎	隨貨贈送	特價活動
積點持續購買	介紹好友贈點數	舊換新
滿意保證	免費刊物	會員專屬
套裝優惠	特定資格銷售	獨家贈品
樣品	現金回饋	競賽
搭配促銷	指定產品促銷	故事性促銷
榜單排名促銷	清倉拍賣	季節性促銷
統一價格促銷	滿額贈禮促銷	節日促銷
高價只賣貴的（反促銷手法）	堅決不打折（反促銷手法）	唯一代理商絕無分號
主題式促銷	效果對比式促銷	新品促銷
公益性促銷	聯合促銷	

三、從物流、金流與工作進度著手

1.物流與金流

（1）進出貨流程規劃。

（2）帳款收付流程規劃。

（3）生產與代工規劃。

2.成本與預算

（1）成本核計與財務資源規劃。

（2）組織與工作之人力資源規劃。

3.工作進度

（1）專案管理規劃。

（2）甘特圖。

以上的架構圖是一張橫式的完整版，不僅架構且鏈結了所有的項目，標示思考的重點，同時也將消費者需求和促銷手法一併在一張A4紙上展現，但是放在本書字體就有些侷促，為了因應本書撰寫微型創業企劃書的思維，以及本書直式的版面，特意編修成直式版本，以方便讀者參考。

品牌行銷企畫案思考與架構圖

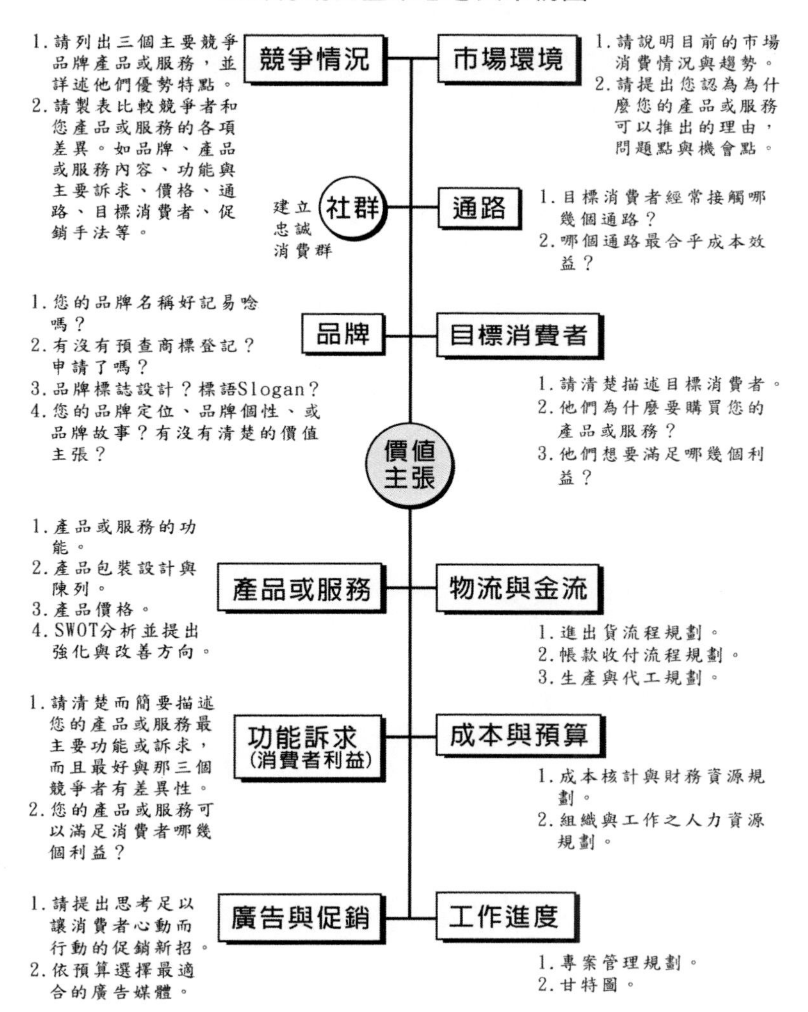

當你在思考你要創立的事業之時，記得要從你自己的優勢著手，你以前是海鮮大批發商，或是熟識海鮮大批發商，所以你餐廳的優勢就是可以取得比別家餐廳更優質新鮮的海鮮漁貨，那就是你的差異化特色！所以，你可能擁有通路的優勢，可能擁有服務的優勢，只要有一個優勢就好，就可以創造差異化特色！

建構屬於你自己的品牌行銷企畫架構圖

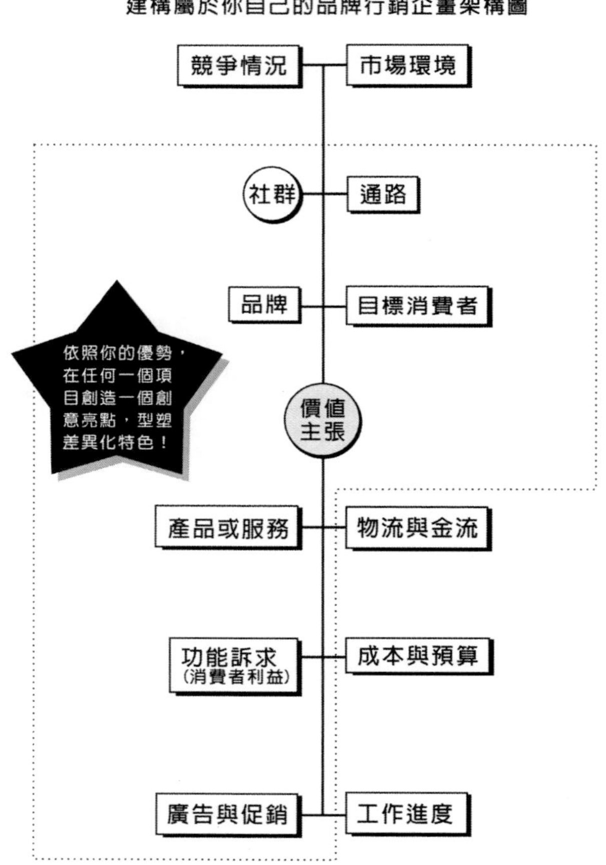

在本書紙上使用鉛筆，先把你目前的事業情況標示上去，你寫得越清楚，抓得到創意亮點，你的微型創業企劃書才會吸引銀行、投資股東，甚至是目標消費者的青睞！

建構屬於你自己的品牌行銷企畫架構圖

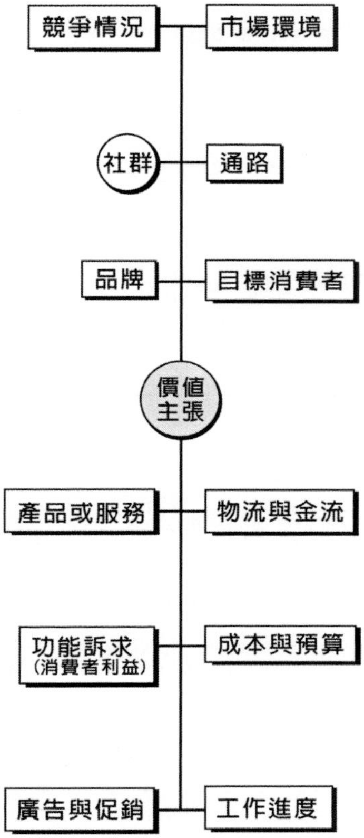

競爭情況　市場環境

社群　通路

品牌　目標消費者

價值主張

產品或服務　物流與金流

功能訴求（消費者利益）　成本與預算

廣告與促銷　工作進度

如果你能夠將填寫以上各項資料，並找到創意亮點，你就可以應付各個單位要求的創業計畫書了，試以青年築夢啟動金貸款計畫書為例：

青年築夢啓動金貸款計畫書應填寫資料	本書內容及品牌行銷企劃架構圖列舉項目
事業基本資料、經營型態、事業地址、主要行業、主要產品（或業務）、所屬地方特色產業、現有員工人數	這是你創業的基本資料。
財務分析 （預估年營業收入，須有預估依據如401表、405表、銷售記錄或帳冊資料等） （營業收入、銷貨成本、營業毛利、營業費用、營業利潤） 創業資金情況	這就是「物流與金流」、「成本與預算」，以及本書財務章節的營業結構說明，你分析得越清楚，你的事業越穩定。
現有生財器具或生產設備、貸款主要用途	這是你創業的基本資料與貸款需求
事業或創業經營計畫 一、經營現況（說明服務或產品之名稱、主要用途、功能、特點及現有或潛在客源） 二、市場分析（說明服務或產品之市場所在，如何擴大客源、銷售方式、競爭優勢、市場潛力及未來展望） 三、償貸計畫（請提出預估損益表，說明貸款還款來源、債務履行方法等，如已有營業稅申報資料，請併同檢附）	這已經涵蓋架構圖一半以上的項目，只要你能夠回答各項目的問題，再參照本書各章節的說明與提點，應該就可以寫出來。 最重要的還是你的「創意亮點」，要特別另闢段落強調，讓審查委員覺得你的事業是有競爭力，而且可以穩定成長。（依他們的立場，就是借錢給你，以後收得回來。）

讓我們再來檢視微型創業鳳凰貸款申請書：

微型創業鳳凰貸款申請書	本書內容及品牌行銷企劃架構圖列舉項目
創辦事業資料、事業地址、主要產品（或業務）、營業項目	這是你創業的基本資料。
財務分析 （初期第一個月、前六個月及前一年之累積盈業損益；實際營業未滿一年者，請以預估值填寫，並加註表示為預估值） （營業收入、銷貨成本、營業毛利、營業費用、營業利潤） 創業資金情況	這就是「物流與金流」、「成本與預算」，以及本書財務章節的營業結構說明，你分析得越清楚，你的事業越穩定。
現有設備、貸款「生財器具或設備」資金主要用途，貸款「週轉金」資金主要用途	這是你創業的基本資料與貸款需求
創業經營計畫（請簡要填寫） 一、商品名稱及價格 二、主要用途、功能及特點 三、銷售方式 四、營業時間及尖峰時段 五、現有（或潛在）客源及如何擴大客源 六、償貸計畫 七、自傳簡述（含創業動機）	他們只要求你簡要填寫，所以你只要能夠回答架構圖所有的問題就可以填寫。 最重要的還是你的「創意亮點」，要特別另闢段落強調，讓審查委員覺得你的事業是有競爭力，而且可以穩定成長。（依他們的立場，就是借錢給你，以後收得回來。）

所謂的企劃書，二十年前和二十年後，其格式都一樣，中外皆然。

因為對方關心的項目，甚至是你自己要注意的事物都相同。

創業企劃書很重要，因為向銀行金融機關借款需要它，向股東勸募或辦理增資也少不了它，這個事業是你的，你自己要先想得清楚，每個環節都考慮到，只要將你的想法填入固定的格式，不需要專家幫你執筆，你只要填「簡答題」即可，只要你都想清楚，而且相互的環節都可以串連，更重要的是，你有優於他人的創意亮點，這樣的企劃書就有很高的機會吸引別人投資你。

★★★

成功創業小提醒

①確實回答架構圖各項目的所有問題，你就能夠寫計畫書了。

②創意亮點，你一定要找到，這是說服別人的最重要利器。

附錄（一）
公司資料查核表

一般廣告公司在接洽廠商客戶，或是想要幫廠商創造具有差異化特色之時，有時候會參考這份文件，也會根據這個文件詢問廠商各項的細節，當然有時廠商並不理解，以為廣告公司要探知營業機密，這時就要解釋廠商和廣告公司都是同一陣線，大家都希望產品能夠越賣越好！

對於微型企業而言，這份資料的項目雖然過於龐雜，整個大企業的規模是否適用？

其實，一份資料的使用端乎一心，可依個人的立場靈活運用。

本份資料使用方法建議：

一、檢查功能：配合上章節的品牌行銷企劃案思考與架構圖的各細項，檢查自己的企業經營方面還有哪些有疏漏的。

二、說故事功能：利用各細項尋找微型企業的行業特性、自身創業的特殊性、或是其他材料等民俗知識等等，編幾個你自己的品牌故事，以說服消費者的認同。

編寫品牌故事要注意的是要有「畫面」，這也是故事吸引人的地方，聽故事的人腦中都會浮現出一些畫面，即便每個人的意境畫面不一，但是只要能夠讓消費者勾勒出畫面，就可以容易進入狀況。例如：台東池上的稻田，你應該就會有清楚的意象了。

三、創造話題功能：微型企業所使用的推廣媒體大多是社群媒體，這也是小兵立大功的有效利器，但是LINE、Facebook、WeChat等社群的操作上，話題非常重要，試想，每次發佈消息都是一直介紹你產品的好，收到訊息的人一定會很煩，沒幾封就直接封鎖你了。

但是，發佈消息的壓力也蠻大的，一週如果發佈兩則消息，一年就要創造100個新消息，你如果持續五年，500個消息你要如何創造出來？

就是利用這些小細節、小項目，然後發揮自己的聯想力及產業關聯性，以「小題大作」的方式創造話題。

四、希望以下的查核表對你有用！

1.提供充分的資料淹沒廣告公司。

（1）調查

（2）產品

（3）市場

2.讓廣告公司創意人員親臨工廠或研究室，完全感受產品。

3.公司簡介。

（1）歷史

（2）成長

（3）組織

（4）公司文化

（5）經營信念

4.仔細解釋產品。

（1）成分哪幾種/做什麼/不公開秘方/獨特點

（2）消費者認為首要的利益點

（3）購買之基礎是「情感」或「理性」利益點

（4）尺寸/形狀/包裝別/口味別……

（5）價格

5.探究產品解決的問題。

指消費者對這個問題是如何談論、如何感覺。（◎必須有的調查資料）

6.品牌的歷史。

（1）何時新發售/行銷策略/廣告策略/結果如何

（2）曾經更動或改進過

（3）佔有率之變化

（4）價格之變化及反應

（5）促銷之反應

（6）廣告之反應

7.全市場之狀況。

（1）市場量（數量、金額）

（2）一般趨勢（成長率及其他）

（3）季節性

（4）區域性

（5）如何賣出、通路狀況……

8.競爭分析。

（1）各品牌之佔有率、趨勢、產品別之不同……

（2）哪個品牌威脅最大？

（3）成功的品牌為什麼成功？

（4）廣告策略是否是成功的主因？花多少錢？

（5）促銷

（6）價格

（7）包裝大小

（8）產品之表現……

9.仔細定義你的消費者。

（1）誰在使用（可能使用）

（2）誰在影響購買

（3）誰在購買

（4）重量級使用者是否佔有主要的購買量？

（5）計量描述及心理描述

（6）有否任何特殊點可以利用……

10.說明你的通路系統產品如何由工廠到消費者的手中。

（1）直銷與經銷商的比例

（2）如何訓練業務代表

（3）購買地點之特性

（4）你的系統與競爭者之區別……

11.產品正處於何種地位？

（1）用起來怎樣

（2）「印象」如何

（3）有任何改進計畫……

12.你的行銷目標及策略。

（1）你的銷售目標及獲利目標

（2）商品化及促銷計畫

（3）廣告在你的計畫中佔何份量與角色？

（4）調查

（5）預算是否具有競爭力

13.安排通路的拜訪。

帶廣告公司的人到通路上，與經銷商、小賣店的老闆談談，看看消費者之購買過程……

14.告訴廣告公司你是如何判斷、如何評估廣告。

（1）事前測試

（2）追蹤測試

（3）試銷

（4）佔有率

附錄（二）
命名參考資料

微型創業最忽略也是最痛苦的應該是命名，一開始創業你會覺得這家小店沒有什麼知名度，隨便取的名字就好了，所以就忽略了要去查詢及申請商標登記，可是商標登記許可加公告三個月，在台灣至少要一年一個月以上，在大陸地區至少要兩年以上，這段期間如果有相同或近似品牌提出異議，或是向你求償商標侵權與品牌價值稀釋的損失，你在這段期間所賺的錢剛好賠光。

你這時候才要去思考新的商標，找到沒有人想到，而且名字又很不錯的名字，提出申請，最終取得商標證書，你的商業行為卻要因此而延後一年一個月才能運作！

你知道商標的重要性，開始思考，又是痛苦的開始了，因為你平常很少關心這些事，腦海中沒有足夠的字彙，懂的文字就是每天講的話，加上你比較缺乏想像力，想出來的名字大多普通，而且你能想到的，其他人也應該可以想得到，因為大家都一樣聰明。

你和朋友們列出來的名字幾乎平凡無奇，加上求助無門，只有成語字典陪伴著你們，其間的痛苦，我看過很多，所以，我就提出我個人想新產品名稱的「祕招」供你參考。

我蒐集了很多文案人員在思考客戶案件時所寫下初步的命名草稿，加上我長期以來因為公司需求所想的命名資料，這裡麵包羅萬象各行業都有，這麼多的文字給我很大的啟發。

所以當我明天要交給董事長一些新產品命名的時候，晚上看電視時間我就拿出以下的資料，一邊看電視一邊看這些文字，腦中就思考「如果將某一個字改一下」、「這樣的文字表現可否有其他的表達方式」、「如果顛倒說的話」、「如果在前面或後面加一個字的話」，這時候就要發揮想像力，我就在一個晚上至少開發20個新命名，交差。如果董事長不滿意，晚上這個動作重新再做一遍，又會有另外20個新命名，再交差。

例如文案人員看到「美而美」，就想到「喜而喜」，利用它的語詞架構，你現在看到「喜而喜」，你可以改哪個字？例如你看到「大時代」，而你正在思考餐廳，可否改個字，成為「大食代」或「大食袋」？

雖然這已經是20年前的舊資料，可是在我看來，還是一樣通用，因為這些命名涵蓋各行業，包括了很多文字創意形式表現，可以激發你的想像力，相信你一看到其他行業的特有命名方式，或是其中某個特殊字，可能是改自於某位藝人或成語或俚語，突然讓你有一個創意的想法出現。

這次利用這本書的出版，特別全部提供出來給你參考，由於資料太多，文字難免重複，還有某些文字已經有人拿去註冊商標了，有些文字是通用名詞不能申請商標。但是無論如何，你就把以下的資料當作是「刺激你想像新文字的觸媒」就對了。

你可以拿這份資料和你朋友一邊看一邊討論，想到哪個新詞就寫下來，你們自己設定目標要寫20個才停下來，這樣就會在一個壓力下，可能會擠出一些好名字的。

祝福你，加油！

大湖國家	文化凱旋	威京尊龍	川陽郡秀
文化大地	360° 日月天下	台北龍鎮	民生京華
台北京城	環遊世界	板橋新都市	大康江山
總督天下	轟動天下	江山萬里	江陵大第
第一站	成功座標	民權新大陸	瓏山林
台北華府	凱悅大地	台北京兆	濱湖大第
台北金融天下	豪景天下	凱旋門	中國海
大台北華城	東都	星鑽計畫	士林銀座
中央甲天下	亞歷山大	黃金國	台北新殿
日安天下	江山萬里	豪門福星	仁愛凱旋
通商旗艦	宏國大鎮	創世紀	國道山莊
富豪城堡	錦繡大直	福田皇家世界	大漢宮廷
愛因斯坦	大江山	漢廈名廈	財政金三角
捷運天廈	天可汗	鄉林科學大樓	皇普京都
名群甲天下	鵬程萬里	雄觀	世貿經國
力福企業新都心	東方大地	豪門寶星大樓	領袖天下
華江臨門	大直至尊	大觀園	豪景天下
國寶江山	富景天下	台北新大陸	台北巨星
萬象之都	城龍遊天下	黃金年代	經貿王朝
宏國甲桂林	國際京城	劍橋豪邸	富鼎天下
台北頂點	麗景家門	富景天下	東方之龍
畫世紀	明洋四海	帝國金鑽	世紀龍門
得意富邦	辛亥中國	台北京城	中原至尊
曼哈頓大道	美麗華城	長江三峽	環球財星
帝國巨星	鵬程萬里	漢鴻經典	阿姆斯壯
世紀財星	大運通黃金廣場	中正大第	富麗世界

中正浩園	天下為公	龍之尊	台北京華
財神世界	大時代	大廈四海名門	皇后大道
華爾街星鑽天下	匯聯勝利大廈	大唐別莊	天外天
擎天帝國	金城	敦南企業家	新紀元
金財神	霸站	大愛	崇德第一家
金雞城	曼哈頓	大何文明	富甲 干城
非凡第	太陽神	達觀鎮	聯邦大城
帝國園林	帝富華廈	鑽石大廈	全球家．OK
東王漢宮	康莊大道	翡翠雙星	皇家興帝國
信義小家園	日月光中心	台北青春	盧森堡
大湖最愛	真善美	冠德景中樓	天母麗莊
合家歡	小小江山	花都中國	冠園
台北甜心	夢蝶	城市大亨	大直珍珠
榮華富貴	台北新境	佳家福	翊盛天地
台北小城	老闆的家	台北新格	大廈龍莊
龍田新境	戀曲1991	台北故鄉	龐畢度
愛的世界	一道彩虹	嘉年華	全家福
我愛台北	莎莎家堡	金華樓	台北生活家
台大小品	早安大道	羅曼蒂	台北理想家
夏日行宮	台北好漂亮	維也納	台北傳家
淡水小鎮	美麗殿	台北親家	紐約DC
東方夏威夷	生活空間	如意園	台北狄斯耐
羅馬假期	山邊人家	重陽新秀	生活藝境
得意人生	資訊家	富麗生活	八百畔
榮譽市民	新家坡	大亨小品	No.7太空梭
南方小鎮	台北花開富貴	夏威夷	健康甫園
台北500生活	碧富御廣場	楓單白露	生活的藝術家
虹邦報喜	大慶園中園	大溪地	大直山邊住
可愛的人生	玫瑰年代	台大生活廣場	成家傳奇
維多利亞	談天樓	台北檳城	幸福人生

美麗星城	諾貝爾	好思家	摩登生活
中正香港	康橋	北城玫瑰	景第
歐鄉	好芳鄰	溫暖人間	海誓山盟
花園宮廷	摩登芳鄰	喜來登	公園新象
曼哈頓	榮華園	萬世欣	彩虹園
蒙特利公園市	合家歡	欣象城市	金算家
田納西	帕拉迪奧	西湖美人	大直風華
愛菲爾	新人類園	狀元紅	紫町鄉
馬可波羅	畢卡索	香格里拉	寶麗金花園大廈
浪琴花園	好望角	喜洋洋	滿春園
香格里拉	新生代	水平座	台北小洋房
中正愛家	關渡夏威夷	小神通	仁愛采風集
喜悅小別墅	淡水新都	幸福大地	大直寧靜
伊士曼世界	青年城	中山儷園	世紀花園
花東新區	青春列車	愛買公館	愛麗絲庭園
湖邦新第	蔚藍天	雲門松庭	湖山春
濱湖特區	台北綠第	綠野山坡	柳
陽光線大地	江波小樓	觀海	蘭亭
中正海景	清溪翠堤	大直河野	迎旭山莊
山湖戀	天藍凱悅	360大自然	翠亨村
環翠360	都市綠洲	陽明松境	敦北綠洲
綠野香坡	花與綠之鄉	台北春田	涵煙翠
陽光台北	大湖靜界	東方林園	濱湖風情
碧山森之林	關渡風景線	攬翠豪景	綠野鄉廈
陽光廈	大直晨曦	棉花田	春日桃源
綠茵清境	春圃	櫻花戀	桃花源
藍天大地	海洋芳庭	山河戀	麗水天下
向日葵	秋 畫	綠野仙蹤	在水一方
藍天綠第	海景園中園	翠堤大地	香榭花都
山林松境	碧嵐麗景	壯觀山水	永康綠巷

碧雲天	陽光翠堤	陽光貴族	敦南田園
山海大地	海黎	海岸新都	碧嵐大地
花城四季	翠嶺山莊	麗景天下	陽光城市
綠色傳奇	田明山莊	洞天別墅	濱湖
香榭緣	大霞谷	碧瑤	臨濱山莊
都會新貴	詩畫城堡	莫札特	梅莊
大直唐寧街	英格蘭世家	傳世經典	丹青
陽明居	台北浪漫貴族	天母杏林	唐苑
蒙地卡羅	群賢莊	蓬莊	仰德大廈
双子星	新第小陽明	哈佛莊園	儒林莊園
宏泰東方巴黎	陽明古第	台大庭閣	望族
普林斯頓	陽明雅致園	雅堤小品	鳳凰莊園
台北居易	大直狀元第	靜邑	潑墨山莊
海德堡	鳳璽	敦南雅舍	康詩丹郡
新第來亨	中正麒麟	江南世家	東方學府
靜修小築	御和園	儒家	中正雅廬
小登科	貴族名門	鳳蝶	維多利亞
小皇第	金石別莊	珍藏家	大學之道
柏園	台大崇園	仁愛雅點	寶時捷
東京現代居	朝代名店	狀元邸	華爾道夫
王者鄉	香奈爾	東方麒麟	溫莎公爵
儒園	雅廬	長榮芳鄰	敦南富貴
寶第	民生儷舍	名仕園	大學詩鄉
大直銘家	中正學園	台北唐莊	翠西梅諾
敦南莊子	蒲園	狀元居	惠宇真諦
常春藤	詩畫城堡	伯爵雙屋	翰學園
陽明爵仕	太子龍邸	書香庭園	國寶
仁愛龍邸	哥德堡	逸仙經典	陽明爵仕
觀邸	世家	香頌坊	國家藝術庭園
狀元紅	陶然居	康寧郡	三元吉第

Sun Life　向陽	British　大英	Apolo　阿波羅	金典
Cornell　康萊	Top Life　強生	Lio　里歐、里優	上陽
Sunlight　日光	朝陽	金色年代	見康
新陽	金色時光	大都會 Metropolitan	日日昇
京華	金色人生	優詩美地	上第
健康新貴	優越一生	春之聲	高達
賀康	全康	金點	經典Masterpiece
飛125	名流100、150	勁傑DJ-150	搖滾新貴50
風速125	豪爽125	豪美50	青峰50
大路易90、50	金勇125	翔鷹50	新鋒100
老媽米粉	大地米粉	天溪米粉	天寵米粉
原鄉米粉	山水米粉	故鄉米粉	原泉米粉
桃花源米粉	元味米粉	鄉田米粉	天廚米粉
老鄉米粉	原珍味米粉	鄉親米粉	百分米粉
清溪米粉	全自然米粉	百珍米粉	春溪米粉
田心米粉	老友米粉	天喜米粉	農家米粉
史托樂	依妙思	依妙斯德	安多樂
優健	偉能	速能	超康
優能	天能	快能	健能
康齡	沛健	健多	健能
能健	沛康	高健	富健
建齡	天保	康保	衛齡
健疫	新保全	康健齡	全齡健
保全健	惠您康	保年年	保全齡
保全康	惠得康	護全齡	護永康
保延年	登健能	永保康	優健能
永保健	奇異健	保您康	美強能
飛燕	掌中輕	薇蒂	快速麗
輕燕	珍秀品	娉婷	飄飄樂

彩絲	翩影	俏君	黛仙
好姚	媚娘	粉黛	快美
優姿	碧仙	清麗	輕秀佳人
柔線	黛玉	英雲	舒朗
健娜	朗藍	健苗	盈姿
纖蒂	纖然	纖美	雲纖
纖娃	纖樂	纖秀	妙纖
纖活	纖媚	纖綠	雅纖
纖舒	纖佳	纖俏	悅纖
纖麗	蝶纖	豔纖	翩纖
佳纖	天纖	黛纖	仙纖
速纖	興容纖	盈而纖	纖纖佳人
高纖	豐纖	盎纖	超纖
富纖	魁纖	浩纖	密纖
沛纖	強纖	特纖	裕纖
纖多	效纖	多纖	涵纖
倍纖	實纖	廣纖	固纖
盈纖	優纖	能纖	真纖
華纖	慧纖	毅纖	純纖
益纖	特纖	普纖	效纖
實纖	靈纖	奇纖	妙纖
登纖	爍纖	皓纖	銀纖
歡纖	樂纖	輕纖	嬌纖
超人	金武士	精靈	耐極
探險家	火狐狸	激力	超極
黑霹靂	黑鑽	神鷹	原動力
銀霹靂	金貂	神風	銀梭
能量王	金箭	神龍	天龍
霸王之王	藍波	神兵	威龍
剛極	閃電俠	勁擊	強威

奪標	挑戰者	超擊	迅雷
精銳	炫風號	超星	長威
極力	馬拉松	劍極	金勇
金巴達	神威	勁火	北極光
大力士	星狐	金棒	常勝軍
007	天狐	金無敵	衝鋒號
重量級	洛基	霹靂火	金狐
飛豹	宙斯	無患	雄蜂
威龍	高能	勁亮	雄力
強威	高效	威勁	霸力
迅雷	金鋼	勁力	王力
長威	超能	極能	世紀
金勇	全能	威能	勇士
高勁	金量	勁能	鐵甲
百勁	超力	雄剛	即勁
超久	猛龍	勁電	勁而剛
耐能	未來戰士	捷能	耐性
高耐	強王	超量	超凡
較勁	勁王	勁而亮	勁量王
打睡	鈣寶	真會鈣	萬人迷
草本燉茶	鈣好	理惠仙子	自由聯合
不敗茶	鈣讚	白佳麗	兩面玲瓏
獨孤茶	鈣直	雙面夏娃	喜益
天罡茶	鈣世	晢美人	喜而喜
走路茶	冠鈣	晢佳麗	健康波霸
茶百力	真鈣	鈣力大	健康加法
茶牛	保力鈣	鈣幫	鈣仙
鮮喝	鈣乖	超級硬度	鈣力士
寶鮮	硬骨子	隨便鈣	鈣后
鈣正點	鈣勇	大目神	嬌妹

健鈣	大眼叮噹	大目王	摩登貴妃
愛寶	大眼娃	嬌咪咪	美得過火
好眼色	大目族	美麗神話	活力神通
養眼	目浴	克麗西施	野檸檬
視力眼	目光浴	愛愛片	發條橘子
亮眼	新嬌點	喜視	歐西特
眼工坊	幼咪咪	胡羅素	阿莫多瓦
千里目	戀愛新味	奧銳	活力兮兮
大目郎	俏姑娘	愛眼	西蒙
喜施	漂亮兮兮	視力一級	西立方
清宮秘露	綺麗人兒	活跳眼	美儿味
清宮蜜露	高原甘露	喜立方	恬蜜蜜
養生枇杷露	甲上	快補	甜姐兒
金瓶枇杷露	順你的	最爽	漂亮絕招
枇杷仙子	寶師傅	大力手	健聲坊
出塞狂想曲	一流道人	阿勇伯	健聲體操
音享	高速百二	走天下	養聲小飲
養聲鋪子	吃四方	野性男人	草本漢方
養聲蜜方	虎力	順口溜溜	聲氣活現
勞動大人	強界強	生力大	喉子
冒喜	強海	大生力	天字一
台灣鐵人	好勇力	大強生	大力師
大力漢子	力護神	好得力	大力獅
強擊力	大力天下	花神	超擊
電極力	力霸王	健康伙伴	甲等
大高峰	大萬歲	陽光	喝康
朝陽	大鷹	金時代	漢子
生活力	長青	高富F	順補
活泉F	陽光道	金采	金賞
活舞	金色榮耀	長春藤	長勝

向陽	力泉	金太陽	優昇
健喜F	倍康	金色伙伴	健力
向陽大地	優帝	金寶	Metropolitan大都會
旭陽	上陽	優仕	生力軍
Cornell康萊	日日昇	陽光花子	陽光林
Masterpiece經典	高達	花彩	光鮮
Buckingham白金漢	陽光長跑	花鮮子	萊陽
飛陽	康美	追陽	吉優
金日光	健康新貴	陽光旋律	彩舞
全日光	賀康	生之歌	百健
彩大地	優越一生	花韻	花喜
向陽花	全康	大地春	加康
優詩美地	愛維斯Everest	安可	愛立得Elite
見康	來康	雅典那	健昇
家家新	三合麥	生力麥	優健
花泉	千陽	愛得生	陽光新向
喜陽	麗陽	尚陽	萊生
大朝陽	彩陽	活力拍擋	三多麥
歐康	維新	隨身麥片包	三乘三
花揚	富陽	活力麥	麥點123
三力麥	熱點123	麥力族	三活力
營養早操	我的早晨	麥帥	三加三
生力活麥	黃金伙伴	陽光麥田	三快
早餐麥	活力農莊	黃金早晨	熱點123
三A麥	陽光列車	金色活力	朝陽之舞
早安晚安	三多力	朝氣族	活麥子
日光大道	三巧	今天早	麥動365
活力日記	三愛	日昇之屋	清清早晨

三福	首都早晨	陽光早餐	大早晨
熱力123	早客族	垟運早晨	早安族
金太陽	三大力	早安今天	熱力早晨
活力指標	三妙	陽光早晨	躍動早晨
陽光列車	三人行	跳動早晨	早安都市
麥力伙伴	三K	早安貴族	朝力
動麥	麥力123	城市早客	早餐快車
靜麥	晨光曲	活力之晨	早班族
大麥動	晨光樂	首都早客	活仙子
早安開門	城市早客	新晨	活力舞曲
早餐日記	早時光	朝日	朝氣麥
早安主人	朝陽大道	早安爵士	活力舞台
金麥力	活力跳板	金色年代	大黎明
天天早	活太陽	麥聖	快樂頌
您早	晨光族	熱麥	大獅級
麥博士	麥點子	生力活麥	麵巴達
麥客	麥力族	朝力麥	非白吃
麥帥	OK麥	天天得力	點子王
麥力效應	麥典	天天早	小不點
麥點	快樂麥子	活力365	軟心肝
活源麥	麥林高手	得力伙伴	鮮樂多
活力動麥	小麥姊	常勝軍	新麥點
活麥拍擋	麥活林	黃金貴族	人麥關係
麥大姊	來電	鬧歡天	金磨坊
活性麥	絕招	小咪咪	朝九晚五
綠大地	拉風	甜仙子	活力萬歲
好得力	派士（Pass）	超映	我的麥姊姊
加力站	小吉星	超力	活力早操
熱力早操	小晶靈	超能	吉得力
日日新	新大千	超真	滿堂彩

愛比	超麗	超星	我的My
蜜巧	精奇	超感映	巧仙子
巴比	超趣	超奇	哈樂
嘟比	超彩	超影	香一個
妙玻璃	極象	超晶	小花臉
變花樣	精映	超印象	新麗
超鑽	細緻力	巨爵座	精質
超晶	精細派	公爵馬	超細質
超等	精寫派	天馬行	星河梭
超像	高明麗	海神威	原子號
超磁	精畫力	天神威	精映
超密	帥奇	天神將	異形劍
精析	超奇	阿修羅	激流光
清畫	源色	羅浮軍	光彩梭
激光束	極風號	幽浮軍	飛神駒
光點	旋風座	南十字	寶盒
原子盾	飛將軍	龍騎	銀豹
光箭II	金福星	大飛孤	双飛天
五臨風	天神殿	金線蛇	奧圖天下
通四海	天福星	萬里駒	雅典娜山莊
流絲行	星孤	風大雷	離巢
流行線	孤光	大雷風	幽戀
人中龍	亞瑟山莊	御龍山莊	幽竹
擎天馬	凱撒大第	龍山莊	竹樸園
神標	領袖家天地	龍山居	凝塵居
星對星	贏家天地	龍山林	綠蔭山莊
雷神風	貴族鄉下	龍虎天下	奧迪山莊
星新星	新貴天下	盤龍山莊	龍之尊
聖羅蘭山莊	雷根山莊	龍霸大地	亞瑟大第
拜倫山莊	永慶天下	祥龍居	碧瑤山莊

維多利亞一世山莊	歐香林館	臥龍居	靜囂軒
騎士山莊	綠野仙蹤	蟠龍名邸	水山鄉城
曼菲斯堡	香奈兒山莊	祥龍福邸	離塵
凡爾賽名第	夢家鄉	龍之居	綠竹園
都柏林山莊	紫霧山莊	龍藤閣	掬霧山莊
里昂山莊	萊爾街山莊	龍門華園	掬月山莊
日內瓦夢湖別墅	寧塵居	靈澤山莊	山月莊
威爾斯大地	空谷幽蘭	靜廬亭	日月莊
愛丁堡別墅	幽蘭山莊	森哲學	傳奇山莊
羅浮名宮	翠竹軒	嵐園	靈仙綠莊
蘇黎世山莊	青色山脈	優林綠地	統領山林
夢山林	霞飛山莊	卓爾山堡	帝秀山城
夢迴山林	綠霧山莊	統領天廈	英格蘭湖園
夢土上	圓明園	碧瑤山莊	日內瓦夢湖別墅
林蔭曲	紫禁城	柏林皇家	威爾斯大地
鍾山春	羅馬山莊	都柏林山莊	湖濱鄉廈
鑽石星座	威尼斯堡	里昂山莊	湖光山城
富貴名邸	華爾街山莊	多瑙河皇家別墅	長春藤山莊
金星座	巴黎香榭山莊	維也納森林	蘇黎世山莊
鼎天下	雅典綠城	凡爾賽宮	頤和園
家天下	原動力	洛克斐勒天下	愛丁堡別墅
富豪之家	光學體	伊莎貝爾	地中海山莊
金粉世家	逐風者	超尖端	尼羅河畔園
蘇格蘭堡	佛羅倫斯山莊	霹靂金	霹靂光
羅浮名宮	雷神號	賽時間	凌雲號
東湖大貝城	藍星梭	百騎隊	司倏號
湖光山城	南極光	達快	快神駒
曼菲斯堡	飛星2000	贏座	快樂鯨
比爾山莊	雙點火	風逐塵	福晶鑽

泰戈爾山莊	金幅射	飛行梭	魔幻家
飛達捷	新伯爵	飛豹	金飛砂
變速軸	陸霸王	勝馬	美人尖
勁驃寶	舒可喜	狐之尊	電光俠
霞光道	聖樂園	攀山虎	十字號
霞飛路	達仙踪	威鷹	衝鋒箭
任我行	聖羅馬	御風者	昂軒艦
玫瑰座	石駿馬	週極星	賽天梭
法帝王	一流者	藍騎者	聖天戰
寶華利	女王蜂	金武士	澎沛
翡翠宮	萬歲馬	凱撒王	健特
銀飛豹	飛天龍	快靈敏	吉祥象
星牛座	天龍馬	盟主寶	超音馬
伯樂駒	飛將軍	金蝎座	始祖馬
魔飛鷹	北極光	優健	電腦馬
金獅王	維特利	欣而富	青蜂俠
新爾福	益大力	滋健	優美地
心爾富	多滋	倍康	風情健
捷利富	舒活	健力	健生坊
奇利風	樂福	康馳	爵士
捷利風	揚格	舒躍	香榭
新寵兒	舒滋	勁能	曼特寧
摩先登	優活	全健	夢幻曲
流星艦	春泉	動能	佳活麗
倍滋	嘉沛	春神	鮮客來
勁活	鮮施	百福	美天健
沛健	羅賓漢	悠歡	維多力
樂康	萊力	鮮活力	蒙太奇
康萊	起床號	波力露	冠用語
嘉力	健美風	溫莎	小冤家

夢田	混雪兒	合得來	創意人
翠堤	翡冷翠	一起喝	大創意
朵拉	芳草原	多好喝	雪在燒
舒曼	碧連天	喝惜罐	交會點
琴調	人情味	會心	凡爾賽
交響詩	赤子心	倆相好	天堂鳥
風情畫	知己	安可	歐會兒
藥天派	擁抱我	自在	彎彎
纖麗玫瑰綠茶	清美綠茶	輕纖味綠茶	爽麗綠茶
滋養窈窕綠茶	香氛綠茶	純爽味綠茶	爽口感綠茶
輕爽綠茶	八纖綠茶	醒味綠茶	美顏綠茶
圓滿綠茶	苗族綠茶	爽新綠茶	自信美綠茶
速體健綠茶	一身輕綠茶	爽味礦泉綠茶	美身綠茶
輕淡綠茶	舒暢感綠茶	勁爽味綠茶	炒青味綠茶
香妃綠茶	玲瓏綠茶	纖細感綠茶	清健綠茶
纖力素綠茶	消積綠茶	圓滿行動綠茶	爽味園綠茶
輕飄飄綠茶	爽暢綠茶	鼎泰香綠茶	輕如燕綠茶
菁爽綠茶	自然減綠茶	綠茶共和國	大快適綠茶
花纖子綠茶	快纖美感綠茶	心裡爽綠茶	心裡美綠茶
快適感綠茶	千年爽快綠茶	美纖子綠茶	萃綠綠茶
快克美綠茶	沁涼綠茶	草本健綠茶	細滋味綠茶
絶爽綠茶	減效綠茶	健方程式	健爽程式
薰氏綠茶	菲綠茶	快克纖	本爽草
Hight茶館	大搜茶	千年爽快綠茶	麗海
綠茶物語	靚茶	輕茶	茶世界
茶Young	咖綠茶	綠茶一族	茶花樣
養麗健茶	青壯健茶	八寶健茶	薄糖綠茶
野草綠茶	黑糖綠茶	享味綠茶	爽美綠茶
微纖綠茶	草本健茶	冷爽綠茶	麥仔綠茶
飛燕綠茶	雲南健茶	健素茶	抹梅綠茶

野香綠茶	纖綠茶	漢方綠茶	營養綠茶
曲線瓶	冰心瓶	炫耀瓶	水采瓶
水亮瓶	流星瓶	晶采瓶	閃亮瓶
曲面瓶	冰鑽瓶	酷水平	冰角瓶
水星瓶	神采瓶	融冰瓶	穿透瓶
極光瓶	銀炫瓶	菱線瓶	感光瓶
光炫瓶	玩酷瓶	流光瓶	握冰瓶
高地茶館	烏菲茲下午茶	巴洛可茶館	凱旋茶館
哥德式茶館	香榭茶館	花都茶飲	尼斯茶飲
蒙特茶館	雙叟茶館	米蘭茶館	布拉格春茶
花都茶館	愛丁堡仲夏夜	新橋茶館	貴族茶坊
電影茶館	莎士比亞茶集	香榭茶集	午後庭園
西雅圖茶末眠	烏瓦茶館	日光花園	春滋味
里昂茶館	雅典茶集	戀戀花草茶	原野茶鄉
歐風小棧	西雅圖茶味綿	午後品茶	麥迪遜之茶
發茶	花宴綠茶	發綠茶	花健綠茶
發香綠茶	花長生綠茶	有氧綠茶	花艷綠茶
氧身綠茶	花心綠茶	鮮氧綠茶	橘園綠茶
多氧綠茶	海頓綠茶	好運茶	茶花戀
發運茶	茶來伸手	花運綠茶	花茶飲
茶感	茶感覺	花舞（茶舞）	鮮活花茶
茶東東	什麼茶	茶美人	綠茶體驗
茶不思	第一茶	花茶風	茶世代
春天花茶	雨後花茶	顛覆綠茶	愛嗑茶
花與茶	愛喝茶	綠茶賞	一口茶
嗑茶	花天子	千年浪漫	綠意花茶
與茶共舞	好韻茶	微風花茶	花中天
來一口	香頌花茶	飲君子	貴花香
初春花鄉	花鄉	康溪花園	花香天下
花妃花	七世茶緣	好韻滾滾	淡如花茶

貴乃花	祁門茶鄉	飲茶男女	茶藝復興
癮茶	茶典	茶霸	茶黨
茶聖	看茶	鑑茶院	茶某
茶一茶	花言茶語	茶語花香	麼麼茶
訪茶	道好茶	溜茶	有茶氏
魔茶	元氣茶館	好茶到	莫茶特
茶魔主張	雲來茶館	御金香	養茶
洞茶仙基	奉茶	養茶館	宵茶
弄茶	醇茶	大茶院	馬力茶
極茶	川康密茶	茶博士	陸羽茶館
茶覺	八番弄茶	茶顏	茶田
饗茶	茶驚	上茶房	皇家茶圃
雪茶	檢茶長	茶國	采茶錄
洋茶	真茶	茶舖	閒茶
早茶	三國茶誌	皇茶	講茶房
君子茶樓（館）	天馬茶房	爽茶	論茶樓房
好理查	輕飄茶	好運稻	道好茶
到茶	稻茶	味私理	味思理
水急便	茶好了	茶京	菊子
鴻包	隨便喝	茶字典	三度半
釘茶	山盟茶	包哈	保證哈
我一吸	吉機密	茶薩	觀東族
吉好喝	高吉品	綠師	景茶
超高吉	超吉	仰天茶	激茶
原來味	原來香	賞茶	好想茶
福水印	茶子君	唯真茶	茶龍院
東風道	大覺	味兵	美代子
甜因緣	雲如意	霸茶	搏茶
如山	福龍	彩色茶	築夢園
八方	無量	愛茶	神農茶

出雲	錦衣味	典茶	克茶
普茶	先喝茶	浩然	隨遇
鮮茶葉	纖茶葉	逢生	雍容
京運	先到茶	盛妝	蓄勢
九如	飛想	天成	不倒
尊龍	陽陽	日日高	五子茶
茶滾滾	登科茶	自在觀	如意觀
生氣茶	無雙	願力	逍茶
龍珠茶	唱響	香而爽	香而美
三春	紫氣	碟米碟	茶米茶
電光茶	觀天	茶泡了	茗茶秋毫
無邊茶	大光	調茶局	茶中茶
關東茶	關西茶	茶事勁	綠效青汁
無厘茶	大茶院	采茶錄	皇茶
喬治茶	瑪麗茶	真茶	飛來福
茶香院	喝茶趣	大綠師	擊查
貢茶	生活茶報	YESIR	阿SIR
夏商茶	堯舜茶	優加力	茶龍
龍山茶	大笑天	順茶	爾茶
茶子軍	封茶	悠悠茶	寒山茶
素人	綠師	秋雨茶	半日茶
溪茶	秋水	寒江茶	茶礦
佳茶	茶上青	甦活茶	茶鮮
茶上身	茶會	茶及第	鮮活茶
茶極品	香郁茶	茶泉	茶有料
香露茶	精粹茶	打茶	茶老二
上皇茶	玉露茶	Happy茶	茶水
上朝茶	動感茶	A茶	K茶
水找茶	大夜班	聞香茶	文茶
茶言觀色	悅氏玉露	大烤茶	明茶

六養茶	十七茶	燒茶	茶可夫斯基
呷茶尚好	嚐好茶	癮茶	飆茶
茶世代	新茶顛覆	三分茶色	早喝茶
新茶風	茶福	茶一茶	帝都茶飲
茶將	舞茶	客官看茶	茗茶秋毫
古茶	閩茶	誰來找茶	有茶就好
三分茶色	嗑茶氏	誰在喝茶	茶不多（淡茶）
茶騷	茶相思	喝茶一族	多多茶
九點零三分	呆呆茶	阿嬤的茶	百分茶
夏之吻	茶當久	青爽茶：健康、清爽	察茶：明辨好茶
泉好茶（選好茶）	重水不輕茶	茶經會	百年茶
求水得茶	渴喝茶	渴茶	炫茶
茶哈兒	釣茶	福建茶	實力茶
變態	變光體	凝珠	耍酷
流動水晶	冰型	冬之雨	K冰
冰點	最愛5° C	冰泡	泡冰
冰心	冰果	冰棍	凍手
魔凍	淨氏	雅川	松青水
華山	依蘭	綠水溏	綠山青
綠恬	春間	竹溪山	水欲
白楊山	夢蝶	水御	獵清水
春鳴	春妝	淨水界	威斯康
福萍	夏聲	百里山	躍氏
全樂透	水樂透	夏雪	北辰星
天闊	野水礦	金面清泉	金面湧泉
喝水吧	微妙水	纖活水	草本好水
感動水	滿意水	品水生活	美感水
歐味香	歐式香	水滋養	水香潤
細品水	生養水	水光澤	甜心水

百花水	智者樂水	草本山水	暖香的水
馨水	悅色水	水性體質	水質感
悅色好水	美顏水	水纖花	水歌
水美顏	氧氣水	花水湯	感性水
纖活水	纖纖好水	花水感動	感動水
滋顏水	水滋顏	水感動	喝水快感
風花水月	水野	快感水	花感應
水千金	花水相思	水感神經	花果水
水香波	水起舞	春秋好水	春水園
水戀花	花戀水	花山綠水	花天綠地
寄情水	水江月	柔情是水	水知己
水花兒	水美人	水鴛鴦	水陽春
水揚春	水精露	花點水	花享水
水花香	芳師傅	水愛花	愛花水
芳老師	煎水	圓滿享花	圓滿味感
花鷺水	水香域	水篇篇	冰晶水
水奈兒	冷水晶	喝水國	御水晶
水飛飛	水玉	水妮思	水冷翠
好命水	水芬蘭	水米蘭	芳水園
水流星	水菲翠	新水園	飛水花
水菲妃	水麗澤	貴妃水	水晶水
冷水星	水星花	有夠水	水白金
冷水玉	水御	水鑽石	新水味
馨水味	晶水味	好水分	喝水先
越光水	水工房	水冰冰	五色水
水行健	水芭蕾	水理王	水護理
細水	自在魚	可立飲	渴立飲
悠活魚	水力士	水細胞	水麗
健氏	樂水氏	大自由	水常在
水聖	水鮮	水常湧	水立清

泉清水	甘天泉	怡山泉	山林泉
雲山泉	綠野之水	山中泉	泉康水
泉中水	優生水	康年泉	山清水
湧泉水	康泉水	高山清	山波泉
利安水	清波泉	怡有力	泉心水
健怡泉	萬安泉	宜佳泉	益年泉
花芬芳	馨格蘭	芳香草原	芬芳花園
芳位小館	天馨	馨馨草原	花草春風
約瑟芬芳	花草園	花春風	馨芳園
馨宿	芳草園	維納西斯	微微香
花黎園	微馨	芳思庭	菲菲
薇妮思	薇羅妮亞	馨妃	新妃
欣歡	馨歡	芳草菲菲	芙羅拉
康納思	馨西亞	露西亞	露莎
多芬麗	愛夢麗	芳草星	馨格蘭
愛思娜	愛琳	多芬麗	愛夢麗
阿曼達	蔓妮	優尼斯	芳尼
伊莉莎	馨利（麗）雅	芳思庭	馬琳
克麗斯	辛蒂	帕美拉	馨尼
克萊爾（斯）	美麗如花	史丹芳尼	蘇珊娜
莓力無限	超莓麗	莓寶寶	Q（cute）寶寶
草莓新生王	超莓	莓什麼	莓大人
依依莓兒	依依莓代子	草莓仔	茶美莓
喝莓了	莓（美）呆了	小美莓	阿莓（妹）
莓煩惱	莓大莓小	莓味道	泡莓莓（美眉）
稀奇多	奇樂滋	歡樂多	綺多
果奇樂	稀奇樂	鮮滋	奇妙果
花語	新鮮	愛麗絲	思奇多
神祕	星辰	花仙子	夢幻
珍珠	小彈珠	夢幻	虹虹

玻璃鞋	糖果屋	妙妙	虹彩
雲彩	五彩	繽紛	姿彩
亮麗	紅綠燈	銀河系	燦爛
花之鈴	彩之珠	五彩珠	新鮮
新樂多	樂奇	繽紛	妙菓
思吉多	思綺果	稀奇樂	忘不了
綺麗	虹果	霓果	碧瑤 棕櫚
歡樂果	樂樂果	思奇樂思	司諾 亞康
多多	綺麗果	思吉多	星塔 星堡
多彩	虹彩	樂多	星鑽 銀翠
繽紛	繽彩	斯琪洛	月滿 星市
姿彩多	姿果多	思吉多	邀月 迎風
彩姿	花樣	歡妮	天秤 天蠍
花仙子	仙菓	希奇多	牛郎 織女
虹菓	彩菓	玫瑰夢	星鑽 翡翠
奇菓	思綺果	慶歡	向陽大地
斯樂多	滋樂	凱撒 亞瑟	涵陽 涵風
司奇多	司奇多	蔚藍 滋綠	棕泉 碧波
史基多	希奇多	松濤 柏波	星鑽 銀翠
奇樂滋	奇幻	福佳 多樂	玉寶 金黛
玉宇 紅樓	曉月 清雲	醉月 摘星	玉樓 金閣
思齊樂思	大巒溪	沁園 春閣	碧月 晶星
夢幻仙子	巨蟹 獅子	寶瓶 雙子	綠映
銀月 金星	仙玉 仙后	幽蘭山莊	洛基
寧靜海	花園城	離囂	奧圖
錦繡綠茵	翠灣邨	綠竹園	嵐園
幽靜竹	翠廬軒	寧塵居	勞倫斯
山水柏園	天竹園	水山鄉城	威靈頓
空谷幽蘭	靜廬亭	羅馬山莊	浮士德
幽戀	幽竹	紫霧山莊	曼菲斯

翠竹軒	凝塵居	掬霧山莊	所羅門
依翠山莊	靜囂軒	日月莊	雅典娜
華爾街山莊	泰戈爾山莊	威尼斯堡	翠堤春曉
曼菲斯堡	比爾山莊	梵谷	勞斯萊斯
霞飛山莊	綠霧山莊	哈佛	伊莉莎白
掬月山莊	山月莊	香榭	香奈兒山莊
傳奇山莊	靈仙綠莊	碧海風庭	蘇黎世山莊
巨爵	拜倫	詩情畫意	龍虎天下
神曲	米勒	貴族至尊	祥龍居
海頓	碧瑤	奧斯卡座	史特勞斯山莊
皇家	羅浮	彩姿多	維多利亞一世山莊
金星	奧圖	飛虹	凡爾賽宮別墅
里昂	新貴	虹舞	雅典綠城
水芙蓉	伊甸園	花潮	愛丁堡別墅
凱薩琳	寶路華	凱撒大第	名人山莊
賽珍珠	夏綠華	領袖家天下	巴特農山莊
鑽石星	香奈兒	湖濱鄉廈	夢山林
威尼斯	聖保羅	東湖大貝城	林蔭曲
大流士	拿破崙	奧斯卡宮	森哲學
蘇黎世	蘇格蘭	家天下（我家天下）	優林綠地
加勒比海	綠野仙踪	大亨世界	維也納森林
洛克斐勒	羅曼羅蘭	雷根天下	統領山林
錦繡綠茵	鳳凰綠第	羅浮名宮	贏家天地
亞瑟豪景	亞瑟豪景	拿破崙世界	金星座
芙蓉雅坊	桃花雅苑	龍之尊	湖光山城
羅浮名宮	凡爾賽宮	鼎天下	貴族鄉下
帝王皇家	綺朵	富貴之家	青色山莊
虹飛	登虹	新貴天下	蘇格蘭堡

虹吉	虹魔	永慶天下	金粉世家
虹蜜	虹波	奧迪山莊	蘇黎世山莊
密花	統領天廈	龍山居	龍山林
鑽石星座	富貴名邸	盤龍山莊	龍霸天下
祥龍山莊	多瑙河皇家別墅	聖保羅山莊	皇家
英格蘭湖園	日內瓦夢湖別墅	奧圖天下	梵谷
威爾斯大地	巴黎香榭山	貴族至尊	洛基
維也納山莊	綠野仙踪	浮羅名宮	多瑙河
愛丁堡別墅	愛丁堡別墅	福星	威尼斯城
帝秀山城	騎士山莊	統領天廈	凱撒大第
卓爾山堡	佛羅倫斯山堡	羅曼羅蘭	富豪之家
雅典娜山莊	亞瑟山莊	鑽石星座	領袖家
夢迴山林	夢土上	新貴名門	帝王城
鍾山春	毓秀別館	世紀白宮	蘇黎世
嵐園	長春藤山莊	羅馬園	哈佛
歐香林館	聖羅蘭山莊	奧斯卡	伊莉莎白
凡爾賽宮	碧瑤山莊	勞倫斯	雷根廣場
柏林皇家	都柏林山莊	維也納森林	碧瑤
拜倫山莊	里昂山莊	巴黎香榭	綠野仙踪
寶路華	拿破崙	松柏嶺	芙蓉雅築
聖羅蘭	史特勞斯	亞瑟豪景	桃花源
雅典娜邨	比佛利	名人天下	鳳凰綠第
大亨邸	贏家天地	日內瓦湖	庭園雅境
洛克斐勒	巨爵	清泉州	奇葩
楓林園	霞雲坪	煙波大地	錦繡綠蔭
白鷺林	迎曦園	林蔭曲	幽靜竹
崎霞谷	鴛鴦屏	向陽大地	山水柏園
天萁	棕櫚林	大鑾溪	天景
白雲谷	山河頌	綠映	花園城
碧海風庭	青潭	翠廬軒	翠灣邸

天竹園	逍遙天地	清心田	山海大地
山風聽泉	水晶湖	霂苑	迎曦
清蟬	自然大亨	涵晴苑	藍天大亨
領袖家	鑽石星	羅浮	江山如畫
貴族名邸	贏家天地	金星	伊甸園
尊龍	奧斯卡	新貴	水芙蓉
香奈兒	祥龍	龍蘆	清潭山境
盤龍	曼菲斯	威尼斯	山水豪景
聖保羅	愛倫坡	拜倫	波斯灣
神曲	哈佛	大流士	夏威夷洋
所羅門	君士坦丁	葉慈	碧海
賽珍珠	綠湖	凌雲	關山夕照
景優甲天下	景優甲天下	緣活	出風谷
大綠地	濱海廣場	掬露	幽竹
藍天大亨	翡翠林	靈仙	幽蘭
天景樂園	伊甸園	緣蒂	向陽
山川秀麗	水芙蓉	江南春	四季晴苑
湮波山林	湮波山林	綠竹	靜塵
清秀山莊	掬泉山莊	夢雲	臨雲
陽光廣場	加勤比海	鐘嵐	優林
愛琴海	旭海	紫雲	霞飛
翠提春曉	緣世界	掬迫	踏月
御山林	香榭大地	緣波	碧瑤
海岸林	花蕉灣	天蠍星	天魁星
霓采	雲霓	順寶樂	薩寶
牧陽	綠野	翠屏	巨鵬
星辰	毓秀	綠藤	沙寶
紫藤	清泉	霞雲	高力樂
煙波	緣林	迎曦	大無敵
琦霞	天景	緣映	這拉斯

逍遙	天風	清蟬	鐵將軍
晴苑	緣慈	悠	拓荒者
清秀	新銳	喜樂	赤兔馬
喜樂拉	貿易家	史考比	飛天使
洋士	愛考特	天機禪	先鋒俠
佛士達	女伯爵	處女座	羅曼史
夢佳人	伴佳人	鳳凰遊	少年遊
快樂地	新典醫	好神通	踏莎行
獨行俠	悅已者	飛來聖	法國號
獨特點	嘉年華	大伙樂	日日新
伊甸園	天堂	好佳載	飛騰達
好思嘉	走好運	好搭擋	設計家
新樂章	好天地	都會情	神駒
貴族風	追風雅	風雅頌	飛天龍
風韻佳	好風姿	韻多姿	活動寶島
萬得	美得福	樂得福	風雲貴族
樂多福	安多福	安多樂	樂天派
美力士	赤兔馬	四海遊蹤	創新機
如夢全	采風行	衝擊力	大亨小傳
夢千里	凱旋曲	四野仙踪	福多星
追風速	獨特點	新觸調	捷行約
進取心	自信心	超級精靈	風速磁盪
多才藝	多重奏	解放團	中堅份子
飛之樂	小飛艇	流行地廣	都市專家
小神龍	迷你豹	逍遙遊	注目禮
小歡樂	飛來福	魅力風	手腳快
飛天龍	水手行	運動神話	貴族化身
巡邏隊	智多星	兜風半徑	好得意
宜路跑	瀟灑行	感性空間	動感曲線
多福星	美福星	個性生活	愛・幻想

賽福星	利多星	賽飛狼	發明家
樂上路	精英族	萬路寶	進行曲
家樂派	小福樂	小思樂	遊騎兵
萬里星	領航員	飛行家	小霸王
追踪者	冒險家	飛毛腿	響尾蛇
小精靈	生力軍	企業家	定江山
挑戰者	十字軍	總司令	麒麟星
夜明珠	意中人	奇異號	跑捷樂
合家歡	驅逐艦	跑捷達	天鋒駒
金錢豹	好家庭	添福氣	天漢
野狐狸	天堂鳥	捷梭遊	跑宜樂
樂天派	好佳速	樂速達	流線行
小霸王	普吉號	仙女星	銀飛狐
一路先	拍譜星	實驗派	大地行
導航星	變色龍	寶路士	法帝王
龐克號	好運道	銀飛狐	翡翠宮
跑卡捷	跑加勁	五福星	陸霸王
跑普樂	來如風	羅曼蒂	聖羅馬
卡力士	得力士	叛艦	飛行館
捷飛	漢威	福記華	女王蜂
風雷	跑必樂	飛天使	飛天龍
加樂福	萬里遊	法蜜拉	快樂堡
飛行梭	捷梭號	福吉達	威信華
捷飛遊	歡喜遊	飛思達	飛達華
滿福星	樂思嘉	鑽石星	藍天使
巧福星	銀海鯨	儷人行	玻瑰座
銀熊貓	鑽石星	寶華利	金朝代
萬寶華	寶路達	悠遊派	新伯爵
獨尊派	雅米達	舒可喜	聖樂園
新貴駒	飛達華	金飛砂	美人尖

凱撒宮	樂其中	向陽大地	衝鋒箭
石駿馬	飛毛腿	大巒溪	聖天戰
金銀豹	實踐者	綠映	維特利
電光俠	李爾王	逍遙天地	心爾富
昂軒艦	賽天梭	水晶湖	捷利風
金鋼王	風流劍	自然大亨	流星艦
欣而富	新爾福	鑽石星	藍騎者
捷利富	奇利風	贏家天地	鐵號角
新寵兒	摩先登	奧斯卡	金野獵
金蝎座	週極星	祥龍	哈佛
常勝軍	金武士	曼菲斯	君士坦丁
快靈敏	盟主寶	愛倫坡	綠湖
福晶鑽	象太奇	濱海廣場	涵陽雅境
龍太	花園城	翡翠林	清幽仙境
錦鏽綠菌	翠灣邨	伊甸園	天景樂園
幽靜竹	翠廬軒	水芙蓉	山川秀麗
山水柏園	天竹園	桃花源	湮波山林
清心田	山風聽泉	掬泉山莊	清秀山莊
霖苑	清蟬	藍天大亨	神曲
涵晴苑	領袖家	江山如畫	所羅門
羅浮	富貴名邸	蔭林煙翠	賽珍珠
金星	尊龍	悠雲	景優甲天下
新貴	香奈兒	清潭山境	大綠地
龍蘆	盤龍	山海大地	大流士
威尼斯	聖保羅	迎曦	葉慈
醇品	行家級	純歐式	香榭
典藏	經典	精品	鑑賞
熾情傳奇	翠堤	芳草原	卡迪兒
黛安娜	朵拉	碧連天	愛丁堡

維多麗（莉）	舒曼	波力露	長隄
玉芙蓉	迪兒（Dear）	月牙泉（月牙兒）	白朗峰
逍遙遊	默契	瑪瑙石	棕櫚灘
伊莎貝	風情畫	瓊玉	菁森
藍儂	樂天派	香楓	函館
迪兒	夢幻曲	泉之舞	卡薩布蘭加
蒙太奇	水調歌	香乃爾	藍波
混雪兒	蓓兒	凱薩琳	智慧星
羅曼蒂	小仲馬	莎園	水晶宮
伊甸園	紫微星	茉莉園	星宿海
智囊團	慕妮黑	娜塔莎	夢星馳
智多星	布魯林（絲）	新浪潮	水汪汪
琥珀	桃樂絲	安琪兒	流星雨
霞飛	愛麗絲	尼尼薇	瓊樓
藍絲絨	曼陀鈴	左拉	雲仙蹤
棕櫚泉	第凡內	麗池	熱舞17
琴調	麗都	派翠拉	雙吉
相見歡	淩波	海韻	兩相契
畫中仙	心歡	喜高	笑咪咪
歡朋	心寵	歡樂多	歡心
歡奇	清歡	歡歡	樂滿多
歡新	慶歡	新歡	嘉年歡
喜陽陽	歡顏	妙歡喜	喜願
歡喜佛	愛樂頌	嘉賓	全喜
喜加加	歡樂頌	金歡喜	巧喜
喜見歡	小伯樂	歡奇	暢喜
喜開懷	樂天使	歡騰	巧麗
喜樂多	小福星	小花臉	派（拍）地
喜畫歡	紅莎	香思熊	冰奇
齊天	好嘉	香慕思	慕絲

奇會	開嘉	玉慕思	慕綿
少年皇	巧克熊	派派熊	慕慕
活寶	小香奶	香香派	派酥
芳華	鮮奶熊	甜心派	喬喜
冰冰熊	甘巧克	小開	香淇淋
蓓蕾	拍弟	雪淇淋	雪琳
彩麗	冰淇淇	雪荷	雪泥鬆餅
鬆心糕	嘉年五福	輕鬆甜心	雙層鬆
迎春吉祥	細雪鬆糕	雙層餅	迎春新禧
豆泥雪餅	富貴吉祥	迎春五福	豆泥鬆餅
富貴新禧	鬆口甜心	富貴如意	雪鬆糕
富貴五福	福鬆糕	嘉年吉祥	甜鬆糕
喜年新禧	雪泥餅	嘉年如意	八珍蔬果禮盒
長生蔬果禮盒	貴妃蔬果禮盒	寶花蔬果禮盒	錦鏞蔬果禮盒
端喜蔬果禮盒	春喜蔬果禮盒	福祿蔬果禮盒	喜神蔬果禮盒
五福臨門禮盒	富貴千歲禮盒	玉錦華榮禮盒	什錦華榮禮盒
金碧多福禮盒	什樣全福禮盒	春滿人間禮盒	滿意回果禮盒
喜滿華堂禮盒	佳果天成禮盒	富麗珍點禮盒	如意四果禮盒
醉月饅	美人撲	雅逸小卷	相思枕
詩情饅	留香鬆	海韻酥	美人心
新貴饅	細雪鬆糕	海髮酥	紅心卷
凌波饅	兩相契	雅悅派	相思卷
巧思饅	雙喜燒	詩情派	雲糬
蜜貴饅	喜相逢	香妃飴	綿糬
露小饅	滿月燒	月光飴	玉妃糬
如意饅	千情酥	軟玉香	軟雲糬
醉心饅	相思層	疑香飴	小雪燒
知心饅	羅曼酥	滋朵飴	珍珠饅
同心圓	瑞雪（餅）	月酥	筋斗雲
珍味饅	雙胞甜	天使之顏	香妃飴

同心饅	巧鑼燒	海髮酥	月光飴
饅鼓	夫妻（情人燒）	海石頭	玉飴
月滿西樓	甜蜜夫妻	浪味酥	相思枕
滿月圓	凝香飴	懶人球	纏綿糬
金片子（京片子）	香卡里（金卡里）	脆呱呱	玻璃心
日久天長	景星麟鳳	百事逢吉	百祥萬福
碧巧禮盒	緣巧禮盒	愛麗詩	金卷
柔巧禮盒	運巧禮盒	愛之意	金代
蜜巧禮盒	鮮巧禮盒	愛之麗	金緣
福巧禮盒	思巧禮盒	愛巧麗	金願
神巧禮盒	靈比禮盒	金巧麗	金玉
如巧禮盒	珍比禮盒	金巧	金運
仙巧禮盒	露比禮盒	金坊	金密
詩巧禮盒	愛比禮盒	金夢	金露
絲巧禮盒	小精靈	金城	金漢
金巧禮盒	小天使	金詩	濃蜜
金卷兒	翠碧	滿園香	好運
金思麗	珍碧	相見歡	溫馨
金麗兒	詩碧	感性美	知己
金碧子（兒）	蘭碧	知性美	知心
金捲兒	幸運者	愛如蜜	甜園
巧碧	人情味	親切度	甜蜜
銀碧	好搭檔	愛之城	好夢
華碧	滿庭芳	生活派	尋夢
黛碧	知名度	妙生活	印象
緣碧	全壘打	深情	生活
感性	傳統	稚情	金餅
驚喜	金玉	暢心	鄉情
香春田	春子	青葉	美番鄉
春田	京味	美番壽	松喬

萬寶	村上	山芝鄉	口木子
巧松香	野治子	賀喜	米村香
松番香	飽飽	尚讚	津口
竹之林	蒲月	春田	浦之鄉
咪咪貓	愛強貓	如明貓	蘇活貓
嘟嘟鼠	恰恰鼠	哈林鼠	咕嚕鼠
巴比兔	布朗兔	啊米兔	班傑兔
叭叭狗	嘉嘉狗	哈唆狗	家家狗
旺皮象	魯波象	古菲象	盹盹象
吉米貓	貝貝貓	嘟比貓	比里貓
小脫鼠	吉利鼠	莎拉鼠	嘟比鼠
耶古兔	哈比兔	咕咕兔	啾皮兔
古皮狗	呵噹狗	哈拉狗	皮子狗
菲林象	耶羅象	姆福象	小凱象
啾啾貓	丘比貓	矮非鼠	洛米鼠
耶古兔	愛多兔	柯吉狗	比薩狗
古拉象	堪薩象	賴皮貓	嘟嘟貓
精靈鼠	耶皮鼠	撒該兔	賽奧兔
亞伯狗	啊咪狗	呱呱象	胡佛象
大瑯頭	鐵包腳	坦克鞋	金剛腳
超鋼鞋	鐵甲鞋	悍衛腳	金甲鞋
鋼頭腳	鐵腳頭	包鋼鞋	鐵腳衛
鐵漢	鐵衛鞋	大鋼鞋	大鋼頭
京味	呷四方	吃味兒	食項全能
鮮膳	食福苑	嘴巴子	倍食福
鮮格	食族對味	高鮮子	愛食樂
元味	綠陽	即食樂	鮮食樂
名嘴兒	凍鮮	開食戒	食合
開味食	珍尚口	康綠	家家康
瑞華	大御廚	康莊	富食佳

天鮮	珍格	盛味	天味兒
天禧	野趣兒	大利	嘉味膳
元康	寶珍（珍寶）	饌玉坊	康膳
開禧	優鮮吃	福瑞食	原珍味
大趣食	冠味	至元	尚點、尚典
多滋（Tasty）	尚格	味樂福（Wonderful）	富味兒（Flavor）
大享宴	迪雅味（DIY）	格瑞食（Great）	富瑞食（Fresh）
超現食	新食界	新盛食	天食街
新美膳	新主食	美食寫真	未來派新物語
新伴食	伴味來	食芝館	新世品

食代感	新食感	星期八	世紀屋
大吃	大食	創食者	後現代
大口食	食進味	日全食	尚登
速食族益	南北小調	味寶（美寶）	食之館
美樂帝	甲樂	尚好味	新食風
大團圓	好樂	上等	大賞
紅半天	美食共和國	新體食	新食屋
大洋	新映象	美食街	食芝館
伴味來	美食寫真	新世品	新都會派
新盛食	意識流	21餐館	京味
超現食	新美膳	津兆	元味
食全	樂味	聞香下馬	京華坊
食尚	私房菜	御廚	拿手菜
雅味（DIY）	鮮格	金口碑	食之慾
食之萃（甲一嘴）	珍（真）尚口	食裕	招牌菜
鮮到家	吃味兒	開味	2001飯店
靚康	食傳	愈食坊	風味一品

及時樂 （及時行樂）	嚐鮮為快	愈膳坊	鮮大廚
雅食居	雅食軒	食足樂	金字招牌
食品軒	御盧	元康	招牌飯局
口味開	珍格	開皇	建隆
大利	京格	全席	開禧
御舫	大環	天啓	至元
建元	永元	嘉慶	正統
永康	永嘉	隆安	盛京
開元	天寶	元統	永樂
元祐	慶元	大順	嘉靚（嘉靖）
寶慶	端平	弘光	康熙
天下一品	一品館	咸豐	延禧
狀元樓	得意極品	一等一	盛鮮
享宴	品宴	快得意	品尚
尚典	正格	京格	興珍
大鮮	世家	掌大廚	品新
世鮮	品珍	世兆	品鮮
品榮	尚鮮	英鮮	食盛
上鮮	興鮮	大鮮	食榮
尚新	尚榮	尚珍	尚格
百尚	大鮮	食尚	食格
宏格	榮格	滿珍	名鮮
正鮮	鮮滿	真（珍）鮮	可鮮
百鮮	鮮尚	滿格	鮮富
尚隆	榮新	鮮藝	榮鮮
食富	鮮兆	鮮名	佳鮮味
榮珍	鮮真	多鮮	盛鮮味
滿鮮	鮮榮	佳鮮	尚珍品
隆鮮	珍寶	美富味	盛滿味

新格味	佳鮮品	新榮品	盛鮮品
佳鮮美	尚鮮品	品鮮美	品鮮味
品珍美	盛鮮美	尚珍味	名副其食
隨食鮮	隨食樂	解饞計	開食戒
解饞記	食速100 （Fast Food）	AH.HA	大胃王 （King David）
全鮮	全食屋	正點	媽媽樂
快點吃	倍食佳	鮮得很	吃上癮
嘴巴子	名嘴兒	百吃不厭	家宴
大開食戒	大口胃	吃得開	食味相投
真對味兒	珍對味	佳味亭、甲味亭	御筵
媽媽福	樂廚	滿口福	迪的佳（一直吃）
上上鮮	食族對味	新鴻門宴	食福苑（吃不厭）
呷上癮	愛食樂	鮮食先樂	食美堂
鮮上桌	鮮吃再說	挑食專家	大食客
一吃上口	凍鮮	吃個沒完	四方通吃
雅味居	食全食美	寶食終日	家樂
食寶園	樸食園	速得鮮	御食筵宴
鮮同樂	冠味	翠華（古代天子旗幟）	婆婆媽媽
大趨食	主夫之見	家膳	家勝
甲尚	甲上	甲盛	家聖
甲聖	甲膳	佳膳	家盛
佳尚	佳盛	佳聖	加膳
嘉膳	嘉尚	嘉盛	加聖
嘉聖	極尚	極盛	加盛
極膳	巧膳	巧尚	加勝
巧盛	巧聖	巧上	吉膳
吉盛	吉聖	吉勝	天字一號

名廚	巧廚	掌廚	鮮廚
烹調家	露一手	煮力好手	仙廚
煮力高手	頭等名廚	頭號名廚	好康
御廚	頂尖好手	美食領班	天天天
領鮮大師	領鮮大廚	首席大廚	良禾
凍味佳	真好味	食指大動	隨食鮮
佳味亭	新鮮大卡司	甲樂	波波
天味	紅半天	新得好	大個兒
家樂	解饞計	解饞記	瑞品
我家樂	全鮮	全食屋	沁怡
一級鮮品	珍點	食項全能	名副其食
佳梁	快點吃	倍食佳	開食戒
正點	真對味兒	珍對味	挑食專家
家宴	鮮上桌	鮮吃再說	idea新點子
食味相投	一吃上口	凍鮮	清歡
御筵	御宴	倍食福 （Best food）	大系
鮮得很	鮮食先樂	鮮食先樂	玉凝香
食美堂	百吃不厭	樓外樓	采之香
大食客	吃得開	品等	浪淘沙
四方通吃	食貨誌	主夫之見	譚話頭
謝大媽	鮮同樂	葫蘆墩	清平調
順口溜	冠味	璞食	尚館子
大趨食	悅食	食寶庭	尚麟苑
采之齋	巧之饞	寒食帖	雲想衣
隨園御食	饌玉	竹浬館	御舫
東籬鄉味	吃味兒	友味	味登
閒話家常	媽媽經	友味	友味
享宴	原鮮	大宴	華會
尚癮	食裕	凍味佳	光宇

卓鮮	卓鮮	大相	雲觀
佳頤	津兆	津挑	天翼
歐利	京格	統霸	天一
榮冠	冠天下	國風	邦固
冠宇	博亞	饕記	龍之味
意	甲四方	家家康	綠舍
談吃	一品富貴	香留舌	綠莊
奪味	會仙堂	神仙家庭	牧野
田心	歐力格	尼尼	野趣兒
新奇天	免開伙	豪客	樂味
辦桌	真涮嘴	補快	元味
歐意喜	怪招	狗不理	大利
一口軒	食倍秀	滿口福	鮮嚐為快
食不語	朝天奉	大胃王	拿手菜
珍料理	綠大地	盛鮮品	享宴
綠陽	綠村	佳膳	大鮮
綠原	野綠	大觀園	食榮
農野	鄉味兒	鮮下手	鮮格
野味兒	食全	迪的佳	精靈兒
京味	食尚	采之香	吉尼兒
雅味（DIY）	津挑	食苑	潛力
大環	食裕	尚堂宴	瓊尼
御膳房	京華坊	傑利（尼）兒	精靈子
鮮大廚	招牌菜	潛力	晶麗
品宴	掌大廚	溜果子	瓊利滋
天鮮	正鮮	喜果	閒話家常
食格	食上	真流利	溜溜果（凍）
隆鮮	滿鮮	譚話頭	流凍果子
品珍美	品鮮美	玉露	珍玉子
首席大廚	佳廚	玉果子	思粉領

正格	珍格	真溜口	俏粉領
即食享福	品新	粉領格	金粉領
尚館食	尚館子	粉領族	粉領調
竹禮館	上林苑	粉領詞	粉領頌
響溜	雅粉領	粉領心	粉領集
戀粉領	新粉領	知性粉領	知心粉領
蜜粉領	夢粉領	粉領風情	粉領小品
都會粉領	粉領流	粉領雅興	粉領閒情
窈窕粉領	粉領語錄	粉領心事	粉領小札
粉領	粉領日記	粉領新秀	粉領雅仕
粉領心妝	粉領雅士	粉領名士	粉領名媛
粉領雅事	粉領雅族	粉領佳人	粉領小調
粉領新貴	粉領貴族	粉領小飲/語	粉領雅品
粉領知己	粉領伊人	粉領麗人	粉領佳麗
粉領閨秀	巴黎霞飛	似曾相似	卿卿我我（輕輕我我）
曼麗（memory）	奧黛麗	瓊詩（Jons）	縷情
迪兒（Dear）	藝浮生	謬思（Mils）	黛綠年華
席薇雅	可麗兒（Cleer）	迷你陽光	夏琳（Charlin）
曼妙旋律	勿忘我	約瑟芬	優思
卡迪兒（Catieer）	卡蜜拉	儷影	婷婷（玉立）
黛玉	雲蒂	秀珍美人	米蘭長巷
多姿	優姿	天織	花樣年華
織巧	媚姿	詩多綺	浪漫小語（雨）
仙果子	彩姿	綺麗姿	思念印象
妮雅	纖竹	伊莎	可麗兒
雅舍小品	情緣小品	東京細雪	一襲長風
雨露	晨露	落霧	雨果（小集）

迷你陽光	沙巴女王	邱比特	陽光少女
魅姿	花都迷情	花都迴聲	情調小曲
東區柔情	京華茶香	花情一生	優詩
花情香風	花情淑女	情捲香風	玫瑰醉
雅典娜	黛絲姑娘	巴黎落霧	玫瑰茶語
倫敦淡霞	雨的琉森	總是詩	花語
午後情調	香情	茉莉純情	雅舍茶品
間夢	花襲人	花緣	花間
午後3點	情調茶	情緒茶	花魁
泰綺思系列	東方夢露	粉紅三月	花泉
蒲夏白香	桂月金萸	七里香	采風情
茉莉吻	茶之魅	香風	香思
相思茶坊	香情茶語	香品	香榭
香榭花語	風情花語	巴黎玫瑰	香愛
花非花	花集	克羅采	拿坡里玫瑰
花季	香頌	香風	雅典桂香
花經	花坊	香頌	香榭茶話
米蘭桂香	威尼斯茉莉	香詩	花情夜語
倫敦玫瑰	維也納茉莉	花情女人心	情芬
雪梨玫瑰	拿波里桂香	炊煙	竹露
香詩茶話	雅筑小品	柳雲	花神
花伴	女孩心情	花意識	鏡泊湖
花夢田	採花子	花柔夢	情儀
花入夢	花為你	花與妳	午間悠情
擁花	花間關係	花路	白窗
花是妳	生命如花	好花前程	月娘
玫瑰之醉	茉莉之吻	紅花吻茶	紫貝
霧花茶	艾瑪紅茶	艾娃綠茶	媛竹
蕾琦姊姊	午后散記	牧歌午后	穗香
夢間午后	夢一段間	午后感覺	香木

午後映像	閒夢曲	午后門情	巧姿
午后香茶	花屋	絲柔	豔韻
尼羅	蕊韻	風螢	仙侶
自簾	詩藝	華采	素卿
我和我	美穗	香妃	湘雲

啟思路06　PI0042

第一次創業就上手
──微型創業全方位教戰守則

作　　者　原　來
責任編輯　辛秉學
圖文排版　周政緯
封面設計　葉力安

出版策劃　釀出版
製作發行　秀威資訊科技股份有限公司
114 台北市內湖區瑞光路76巷65號1樓
電話：+886-2-2796-3638　傳真：+886-2-2796-1377
服務信箱：service@showwe.com.tw
http://www.showwe.com.tw
郵政劃撥　19563868　戶名：秀威資訊科技股份有限公司
展售門市　國家書店【松江門市】
104 台北市中山區松江路209號1樓
電話：+886-2-2518-0207　傳真：+886-2-2518-0778
網路訂購　秀威網路書店：http://www.bodbooks.com.tw
國家網路書店：http://www.govbooks.com.tw
法律顧問　毛國樑　律師
總 經 銷　聯合發行股份有限公司
231新北市新店區寶橋路235巷6弄6號4F
電話：+886-2-2917-8022　傳真：+886-2-2915-6275

出版日期　2017年3月　BOD一版
定　　價　300元

國家圖書館出版品預行編目

第一次創業就上手:微型創業全方位教戰守則 / 原來著. -- 一版. -- 臺北市 : 釀出版, 2017.03

面； 公分

BOD版

ISBN 978-986-445-182-1 (平裝)

1. 創業 2. 企業管理

494.1 105025546

讀者回函卡

感謝您購買本書，為提升服務品質，請填妥以下資料，將讀者回函卡直接寄回或傳真本公司，收到您的寶貴意見後，我們會收藏記錄及檢討，謝謝！
如您需要了解本公司最新出版書目、購書優惠或企劃活動，歡迎您上網查詢或下載相關資料：http:// www.showwe.com.tw

您購買的書名：________________________________

出生日期：________年________月________日

學歷：□高中（含）以下　□大專　□研究所（含）以上

職業：□製造業　□金融業　□資訊業　□軍警　□傳播業　□自由業
　　　□服務業　□公務員　□教職　□學生　□家管　□其它____

購書地點：□網路書店　□實體書店　□書展　□郵購　□贈閱　□其他

您從何得知本書的消息？
　□網路書店　□實體書店　□網路搜尋　□電子報　□書訊　□雜誌
　□傳播媒體　□親友推薦　□網站推薦　□部落格　□其他________

您對本書的評價：（請填代號　1.非常滿意　2.滿意　3.尚可　4.再改進）
　封面設計____　版面編排____　內容____　文／譯筆____　價格____

讀完書後您覺得：
　□很有收穫　□有收穫　□收穫不多　□沒收穫

對我們的建議：________________________________

____

____

____

請貼
郵票

11466
台北市內湖區瑞光路 76 巷 65 號 1 樓
秀威資訊科技股份有限公司 收
BOD 數位出版事業部

（請沿線對折寄回，謝謝！）

姓　　名：＿＿＿＿＿＿＿＿　年齡：＿＿＿＿　性別：□女　□男

郵遞區號：□□□□□

地　　址：＿＿＿＿＿＿＿＿＿＿＿＿＿＿＿＿

聯絡電話：(日) ＿＿＿＿＿＿＿＿ (夜) ＿＿＿＿＿＿＿＿

E-mail：＿＿＿＿＿＿＿＿＿＿＿＿＿＿＿＿